Inhalt

Walter de Gruyter & Co.
vormals G. J. Göschen'sche Verlagshandlung — J. Guttentag, Verlagsbuchhandlung
Georg Reimer — Karl J. Trübner — Veit & Comp.

Herstellung: Walter de Gruyter & Co., Berlin W 35 und Buchdruckerei G. Reichart, Groitzsch

Archiv-Nr. 541650

Einführung

1. Zur Erleichterung der oft mühsamen Zahlenrechnungen und zur Überprüfung der Ergebnisse, die zur Vermeidung leicht sich einschleichender Fehler nötig sind, stehen verschiedene Rechenhilfsmittel zur Verfügung: Rechentafeln, Nomogramme, Rechenschieber, Rechenwalzen, Rechenmaschinen usw. Für den einfachen Rechner kommen nur die drei ersten in Frage. Der praktische Rechner wird alle drei benutzen und je nach Art der Aufgabe und der erforderlichen Genauigkeit seine Wahl treffen. Für ihn gilt auch das bekannte Goethewort:

> Ein Mann, der recht zu wirken denkt,
> Muß auf das beste Werkzeug achten.

Oberflächliche Urteiler sind oft geneigt, das Tafelrechnen als überlebt zu betrachten. Sie vergessen dabei, daß das rechnerische Verfahren, auf dem die beiden letzten Hilfsmittel beruhen, diesen in vieler Beziehung entschieden überlegen ist. Mit Recht sagt P. Luckey am Schluß seiner Einführung in die Nomographie: „Zweifellos wird auf weitesten Gebieten dauernd die Zahlentafel die Herrschaft behalten müssen". Die Rechentafeln sind so alt wie die Kultur. Bereits im 3. Jahrtausend v. Chr. finden wir zahlreiche Multiplikations- und Divisionstafeln in Babylon, ferner sogar eine Quadrattafel und zwei Quadratwurzeltafeln. Selbst der Techniker, der sich mit Vorliebe des Rechenschiebers bedient, kommt ohne Tafeln und Tabellen nicht aus, wie seine zahlreichen Handbücher schlagend beweisen.

2. Rechentafeln sind im allgemeinen auf eine bestimmte Anzahl von Stellen beschränkt (z. B. auf 4-, 5- oder 7). Sie können durch einfache Schaltung auf das Zehnfache ihres Bereiches erweitert, und darüber hinaus kann ihr Gebrauch z. gr. Tl. durch Kommaverschiebung oder Änderung der Kennziffer auf alle Zehnerbereiche ausgedehnt werden. Diesem großen Vorteil gegenüber bedeutet es kaum einen Nachteil, daß das Rechnen mit abgekürzten Zahlen gewisse Ungenauigkeiten mit sich bringt. Man muß sich vor Augen halten, daß alles praktische Rechnen zum allergrößten Teil nur Näherungsrechnen ist.

Tabellen oder Wertetafeln sind dagegen einfache Zusammenstellungen von Zahlengrößen wie z. B. der spezifischen Gewichte, der Schmelzpunkte der Metalle oder der Funktionszahlen und der zugehörigen Argumente, wenn sie eine Übersicht zur Entnahme der Funktionswerte bieten und lineare Interpolation nicht in Frage kommt.

§ 1. Der äußere Aufbau von Rechentafeln.

1. Eine Rechentafel in einfacher Form bildet eine Darstellung einer Funktion y einer Veränderlichen x (z. B. $y = x^2$). Es handelt sich also bei dem äußeren Aufbau um eine übersichtliche Zuordnung der Eingangszahl (des Argumentes) x zu den Tafelzahlen y. Das kann in zwei Formen geschehen, deren einfachste Form in den beiden kleinen Tabellen I und II gegeben ist.

Zeilenform

$y = \frac{10}{x}$										
x	1	2	3	4	5	6	7	8	9	10
y	10,0	5,00	3,33	2,50	2,00	1,67	1,43	1,25	1,11	1,00

Tabelle I

Spaltenform

$y = \frac{10}{x}$	
x	y
1	10,0
2	5,00
3	3,33
4	2,50
5	2,00
6	1,67
7	1,43
8	1,25
9	1,11
10	1,00

Tabelle II

In der Tabelle I liegen Eingangszahl x und Tafelzahl y in je zwei waagerechten Reihen, also Zeilen, in II in zwei senkrechten Reihen oder Spalten. Man spricht daher entsprechend von einer Tabelle in Zeilen- oder Spaltenform.

Die Zusammenstellung III ist ein Teil aus der 4stelligen Tafel der Quadratzahlen, also der Funktion $y = x^2$ für $x = 1{,}000$ bis $10{,}00$ und zwar mit einer Tafelschrittweite (Maschenweite) $w = 0{,}01$ gegeben. Die bequeme Schreibweise unseres Zahlensystems gestattet, die sich wiederholenden Ziffern der letzten Stelle (die Hundertel) in je einer oberen und unteren waagerechten Ziffernleiste zusammenzufassen und diese durch einfaches Anfügen an die in der linken senkrechten Leiste stehenden Zahlen 1,0; 1,1; 1,2 . . . in Verbindung zu setzen. Mit dem Fortschreiten in der Zeile erfolgt das Zusammenfügen der Eingangszahlen in folgender Weise:

$1{,}0\underline{0}$; $1{,}0\underline{1}$; $1{,}0\underline{2}$; $1{,}0\underline{3}$; . . . $1{,}0\underline{9}$;

$1{,}1\underline{0}$; $1{,}1\underline{1}$; $1{,}1\underline{2}$; $1{,}1\underline{3}$; . . . $1{,}1\underline{9}$;

. . . .

$4{,}9\underline{0}$; $4{,}9\underline{1}$; $4{,}9\underline{2}$; $4{,}9\underline{3}$; . . . $4{,}9\underline{9}$

Tafel 1 Quadrate von 1,000 ⟶ 5000. Quadratwurzeln von 1,000 ⟶ 25,00

x	0	1	2	3	4	x^2 5	6	7	8	9	D	U	
1,0	1,000	1,020	1,040	1,061		1,103	1,124	1,145	1,166	1,188	22	0,000	⟵
1,1	1,210	1,232	1,254	1,277	Neben-	1,323	1,346	1,369	1,392	1,416	24	5	
1,2	1,440	1,464	1,488	1,513	eingang	1,563	1,588	1,613	1,638	1,664	26	4	
1,3	1,690	1,716	1,742	1,769	↓	1,823	1,850	1,877	1,904	1,932	28		
1,4	1,960	1,988	2,016	2,045	↓	2,103	2,132	2,161	2,190	2,220	30		
1,5	2,250	2,280	2,310	2,341	↓	2,403	2,434	2,465	2,496	2,528	32	3	
1,6	2,560	2,592	2,624	2,657	↓	2,723	2,756	2,789	2,822	2,856	34		
1,7	2,890	2,924	2,958	2,993	↓	3,063	3,098	3,133	3,168	3,204	36		
1,8	3,240	3,276	3,312	3,349	↓	3,423	3,460	3,497	3,534	3,572	38		
1,9	3,610	3,648	3,686	3,725	↓	3,803	3,842	3,881	3,920	3,960	40		
2,0	4,000	4,040	4,080	4,121	↓	4,203	4,244	4,285	4,326	4,368	42	3	I
2,1	Haupteingang ⟶				4,580	4,623	4,666	4,709	4,752	4,796	44	2	$2n-1$
2,2	4,840	4,884	4,928	4,973	5,018	5,063	5,108	5,153	5,198	5,244	46		
2,3	5,290	5,336	5,382	5,429	5,476	5,523	5,570	5,617	5,664	5,712	48		
2,4	5,760	5,808	5,856	5,905	5,954	6,003	6,052	6,101	6,150	6,200	50		
2,5	6,250	6,300	6,350	6,401	6,452	6,503	6,554	6,605	6,656	6,708	52	2	
2,6	6,760	6,812	6,864	6,917	6,970	7,023	7,076	7,129	7,182	7,236	54		
2,7	7,290	7,344	7,398	7,453	7,508	7,563	7,618	7,673	7,728	7,784	56		
2,8	7,840	7,896	7,952	8,009	8,066	8,123	8,180	8,237	8,294	8,352	58		
2,9	8,410	8,468	8,526	8,585	8,644	8,703	8,762	8,821	8,880	8,940	60		
3,0	9,000	9,060	9,120	9,181	9,242	9,303	9,364	9,425	9,486	9,548	62	2	
3,1	9,610	9,672	9,734	9,797	9,860	9,923	9,986	$10{,}04_{9}$	10,11	10,18	6	0.00	⟵
3,2	10,24	10,30	10,37	10,43	10,50	10,56	10,63	10,69	10,76	10,82	7	2	
3,3	10,89	10,96	11,02	11,09	11,16	11,22	11,29	11,36	11,42	11,49	7	1	
3,4	11,56	11,63	11,70	11,76	11,83	11,90	11,97	12,04	12,11	12,18	7		
3,5	12,25	12,32	12,39	12,46	12,53	12,60	12,67	12,74	12,82	12,89	7	1	
3,6	12,96	13,03	13,10	13,18	13,25	13,32	13,40	13,47	13,54	13,62	7		
3,7	13,69	13,76	13,84	13,91	13,99	14,06	14,14	14,21	14,29	14,36	8		
3,8	14,44	14,52	14,59	14,67	14,75	14,82	14,90	14,98	15,05	15,13	8		
3,9	15,21	15,29	15,37	15,44	15,52	15,60	15,68	15,76	15,84	15,92	8		
4,0	16,00	16,08	16,16	16,24	16,32	16,40	16,48	16,56	16,65	16,73	8	1	II
4,1	16,81	16,89	16,97	17,06	17,14	17,22	17,31	17,39	17,47	17,56	8		$2n$
4,2	17,64	17,72	17,81	17,89	17,98	18,06	18,15	18,23	18,32	18,40	9		
4,3	18,49	18,58	18,66	18,75	18,84	18,92	19,01	19,10	19,18	19,27	9		
4,4	19,36	19,45	19,54	19,62	19,71	19,80	19,89	19,98	20,07	20,16	9		
4,5	20,25	20,34	20,43	20,52	20,61	20,70	20,79	20,88	20,98	21,07	9	1	
4,6	21,16	21,25	21,34	21,44	21,53	21,62	21,72	21,81	21,90	22,00	9		
4,7	22,09	22,18	22,28	22,37	22,47	22,56	22,66	22,75	22,85	22,94	10		
4,8	23,04	23,14	23,23	23,33	23,43	23,52	23,62	23,72	23,81	23,91	10		
4,9	24,01	24,11	24,21	24,30	24,40	24,50	24,60	24,70	24,80	24,90	10		
x	0	1	2	3	4	x^2 5	6	7	8	9	D	U	

III.

Die Tafel ist eine Zeilentafel, da die aufeinanderfolgenden Tafelzahlen in Zeilen stehen, während sie bei einer Spaltentafel in Spalten stehen (z. B. T. 5 und 7.) Die senkrechte Leiste des Tafelspiegels hat rechts 2 Spalten, die mit D (Enddifferenzen) und U (Unsicherheiten bzw. Genauigkeitsmaße $U = \delta_1 x$ für die Anfangsdifferenzen) überschrieben sind. Die Leisten bilden einen Rahmen, dessen Inneres von den Funktions- oder Tafelzahlen $y = x^2$ ausgefüllt wird. Die zwei ersten Ziffern der Eingangszahl bilden die Zeilen-Leitzahl, die links unter x steht, die dritte Ziffer gibt die Spalten-Leitzahl für jede Tafelzahl. Die z. B. zur Eingangszahl $x = 2{,}14$ gehörige Tafelzahl 4,580 steht an der durch die Pfeile gekennzeichneten Stelle, am Schnittpunkt der Waagerechten von 2,1 im Haupteingang und der Senkrechten von 4 (0,04) im Nebeneingang.

A. Zahlentafeln

§ 2. Erläuterungen und Beispiele zu T. 1: $y = x^2$. Lineare Interpolation

1a) Aufsuchen der Tafelzahl ohne Interpolation.

Beisp. 1a) $y = 1{,}51^2 = 2{,}280$. Der Fehler ist 0,0001. Denn $(1{,}5 + 0{,}01)^2 = 2{,}25 + 0{,}03 + 0{,}0001$.

b) $y = 15{,}1^2 = (1{,}51 \cdot 10)^2 = 228{,}0$ (Kommaregel). $F = 0{,}01$.

c) $y = 0{,}151^2 = (1{,}51 \cdot 0{,}1)^2 = 0{,}0228$ („). $F = 0{,}000001$.

Beisp. 2. $y = 3{,}16^2 = 9{,}986$; $y = 3{,}17^2 = 10{,}049 \approx 10{,}05$.

Mit der Eingangszahl $x = 3{,}167$ überschreitet die zugehörige Tafelzahl den I. Zehnerbereich. Wenn x von 1,000 bis 10,00 geht, durchlaufen die Tafelwerte die beiden Bereiche I u. II von 1,000 bis 100,00. Die Angaben am rechten Rande der Tafel $2n - 1$ unter I und $2n$ unter II geben die Stellenzahl von y an, wenn n die Stellenzahl von x bedeutet. Zu beachten ist, daß die Anzahl der Dezimalstellen der Tafelzahlen im Bereich I $s = 3$, in II $s = 2$ ist. Die Bereiche sind durch eine Trennungslinie und die römischen Ziffern I und II rechts gekennzeichnet. Die Tafelschrittweite beträgt $w = 0{,}01$.

b) Aufsuchen der Tafelzahl mit Interpolation.

Beisp. 3. Es sollen aus den Nachbartafelzahlen $x_0^2 = 7{,}51^2 = 56{,}40$ und $x_1^2 = 7{,}52^2 = 56{,}55$ die Zwischenwerte $7{,}511^2, 7{,}512^2, \ldots 7{,}519^2$ bestimmt werden (Bild 1).

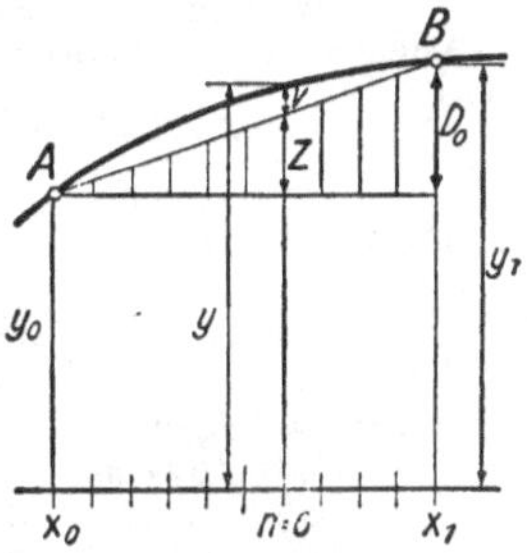

Bild 1. Lineare Interpolation (schematisch)

Während die Eingangszahlen $7{,}51, 7{,}52, 7{,}53 \cdots$ in der Zeile um je 0,01 wachsen, nehmen die zugehörigen Tafelzahlen proportional um rd. $15 \cdot 10^{-2}$ zu, d. h. die Endpunkte der Ordinaten y_0, y_1 liegen annähernd auf der Sehne $\overline{AB}$. Für das kleine Intervall $(x_1 - x_0) = 0{,}01 = w$, die sogenannte Tafelschrittweite, schmiegt sich die Sehne AB eng an das Kurvenstück AB an. Der Unterschied $y_1 - y_0 = 56{,}55 - 56{,}40 = 0{,}15$ heißt die zu $x_0 = 7{,}51$ gehörige Differenz D.

Wollen wir nun für den Zwischenwert 7,516, also mit der vierten Ziffer $n = 6$ das zugehörige x^2 finden, so haben wir zu dem Werte $y_0 = x_0^2 = 56{,}40$ den Zuwachs (Bild 1)

$$z = n \cdot \frac{D_0}{10} = \frac{x - x_0}{w} D_0 \qquad (1)$$

hinzuzufügen,

im Beispiel $z = 6 \cdot \frac{15}{10} = 9$.

Ausrechnung: $x^2 = 7{,}516^2 = \left\{\begin{matrix} 56{,}40 \\ + \quad 9 \end{matrix}\right\} = 56{,}49$.

Für $n = 1; 2; 3; \ldots$ beträgt der Zuwachs entsprechend $1 \cdot 1{,}5 \approx 2$; $2 \cdot 1{,}5 = 3$; $3 \cdot 1{,}5 \approx 5$; $4 \cdot 1{,}5 = 6$ usw.

Allgemein ist

$$y = y_0 + n \cdot \frac{D_0}{10} = y_0 + \frac{x - x_0}{w} D_0 \qquad (2)$$

Formel für die lineare (gradlinige) Interpolation.

Geometrisch bedeutet die l. I. nichts anders als den Ersatz des Kurvenstückes AB zwischen den Ordinaten y_0 und y_1 durch die Sehne $\overline{AB}$. Wesentlich ist, daß wir die gleichen Intervalle $x_1 - x_0 = w$, d. h. die Tafelschrittweite w, so klein wählen, daß die Fehler bei der Interpolation oder Einschaltung bedeutungslos sind.

Beisp. 4.

a) $1{,}654^2 = 2{,}723$ $+ 13$ $2{,}736$	$4 \cdot \frac{33}{10} \approx 13$		c) $0{,}5143^2 = 0{,}2642$ $+ 3$ $0{,}2645$	$3 \cdot \frac{10}{10} = 3$
b) $37{,}56^2 = 14{,}06$ $+ 5$ 1411	$6 \cdot 0{,}8 \approx 5$		d) $817{,}9^2 = 667500$ $+ 14\cdot\cdot$ 668900	$9 \cdot 1{,}6 \approx 14$

Bemerkung. Zur Erleichterung der Zwischenwertberechnung benutzt man die sogenannten Proportionaltafeln (P. P. = partes proportionales = Verhältnisteile), die die Vielfachen von $\frac{D}{10}$ enthalten. In der vorliegenden Tafel sind diese in einer Zusammenstellung vorn ausklappbar angebracht.

2. **Aufsuchen der Eingangszahl** $x = \sqrt{y}$ (**Bestimmen der Quadratwurzel einer Zahl**). Ist z. B. $\sqrt{5{,}570} = x$ gesucht, so haben wir x so zu bestimmen, daß $x^2 = 5{,}570$ ist. Die Zahl 5,570 ist somit als Tafelzahl und x als Eingangszahl zu betrachten. Aus der Tafel ergibt sich, daß zur Tafelzahl $y = 5{,}570$ die Eingangszahl $x = 2{,}36$ gehört.

Ergebnis: $\sqrt{5{,}570} = 2{,}36$.

Muß beim Aufsuchen der Quadratwurzel interpoliert werden, so verfahren wir umgekehrt wie in 1b). Wir geben das praktische Verfahren und erläutern anschließend.

Beisp. 5. $\sqrt{67{,}80} = 8{,}234$. Überschlag: Die Wurzel liegt zwischen 8 und 9.

$$\begin{array}{l} -67{,}73 \\ \hline \quad 70 : 17 = 4 \end{array}$$

Die nächst kleine Tafelzahl ist 67,73. Nach Abziehen von dem Radikand bleibt der Rest oder die kleine Differenz 7, die mit 10 multipliziert 70 ergibt. Division dieser durch die Tafeldifferenz $D = 17$ liefert als 4. Stelle 4.

Der Radikand liegt zwischen den Tafelzahlen 67,73 und 67,90 ($D = 17$), so daß wir von der Wurzel sofort die ersten drei Ziffern 8,23 hinschreiben können. Die kleine Differenz ist der Zuwachs $n \cdot \frac{D}{10} = 7$,

mithin für $D = 17$ $\quad n = \frac{10 \cdot 7}{D} = \frac{70}{17} \approx 4.$

Regel: Man hängt der kleinen Differenz eine Null an und teilt das Produkt durch D. Wem es leichter ist, der möge sich durch einfache Schlußrechnung helfen und sagen:

Dem Zuwachs 17 der Tafelzahl entsprechen .... 10 Einheiten der 4. Stelle von x,
,, ,, 1 ,, ,, ,, ... 10 : 17 ,, ,, 4. ,, ,, ,,
,, ,, 7 ,, ,, ,, ... 70 : 17 ≈ 4 ,, ,, 4. ,, ,, ,,.

Beisp. 6

a) $\sqrt{2{,}196}$ (I) = 1,482
$$\begin{array}{l} 90 \\ \hline 60 : 30 = \underline{2} \end{array}$$

b) $\sqrt{20'48}$ (II) = 45,26
$$\begin{array}{l} 43 \\ \hline 50 : 9 \approx \underline{6} \end{array}$$

c) $\sqrt{0{,}82'56}$ (II) = 0,9086
$$\begin{array}{l} 45 \\ \hline 110 : 18 \approx \underline{6} \end{array}$$

d) $\sqrt{0{,}06\,489}$ (I) = 0,2547
$$\begin{array}{l} 52 \\ \hline 370 : 51 \approx \underline{7} \end{array}$$

Um Fehler und Irrtümer zu vermeiden, mache der Rechner immer einen Überschlag!

§ 3. Erläuterungen und Beispiele zu Tafel 2: $y = x^3$.

1. Die Tafelzahlen umfassen 3 Zehnerbereiche. Der Übergang von I nach II erfolgt mit der Eingangszahl $x = 2{,}16$ ($2{,}16^3 = 10{,}08$), der Übergang von II nach III mit 4,65 ($4{,}65^3 = 100{,}5$). Anzahl der Dezimalstellen der Tafelzahl in I: $s = 3$; in II: $s = 2$; in III: $s = 1$. Tafelschrittweite $w = 0{,}01$.
2. **Aufsuchen der Tafelzahl** $y = x^3$.
   Beisp. 1. $1{,}96^3 = 7{,}530$ (Überschlag: $2^3 = 8$); $19{,}6^3 = 7530$ ($20^3 = 8000$);
   $0{,}196^3 = 0{,}007530$ (,, $0{,}2^3 = 0{,}008$).
   2. $1{,}345^3 = 2{,}433$; $40{,}76^3 = 67720$; $0{,}08154^3 = 0{,}0005421$.
3. **Aufsuchen der Eingangszahl** $x = \sqrt[3]{y}$ (**Bestimmen der Kubikwurzel**).
   Beisp. 3. $\sqrt[3]{8',615}$ (I) = 2,05 ; $\sqrt[3]{86{,}15}$ (II) = 4,416 ; $\sqrt[3]{816{,}5}$ (III) = 9,347
   4. $\sqrt[3]{4'564}$ (I) = 16,59 ; $\sqrt[3]{66'530}$ (II) = 40,52 ; $\sqrt[3]{0{,}000'578}$ = 0,0833.

§ 4. Erläuterungen und Beispiele zur Hilfstafel b) S. 1.

(Minuten und Sekunden als Dezimalgrade und umgekehrt)

1. Die Hilfstafel ist eine Spaltentafel. Haupteingang von oben.
   Beisp. 1. Verwandlung von Minuten und Sekunden in Dezimalteile des Grades.
   $57'\,21'' = 0{,}950 + 0{,}006 = 0{,}956^0$; $28'\,43'' = 0{,}467 + 0{,}0119 = 0{,}479^0$
   2. Verwandlung von Dezimalteilen des Grades in Min. u. Sek.
   $0{,}357^0 = 21'\,25''$; $0{,}825^0 = 49'\,29''$; $0{,}062^0 = 3'\,43''$.
   $$\frac{350}{7} \qquad \frac{817}{8} \qquad \frac{50}{12}$$

Zahlreiche Tafeln bringen zu der gegebenen Hilfstafel noch eine zweite für die umgekehrte Aufgabe. Das ist völlig überflüssig.

2. Die Hilfstafel ist so eingerichtet, daß man die Verwandlung von Min. und Sek. in Dezimalteile des Grades auf 4 Dezimalstellen mit großer Genauigkeit durchführen kann. Die Punkte bei den Tafelzahlen der Minutentafel bedeuten, daß die letzte Tafelstelle sich wiederholt, z. B. $23' = 0{,}383\cdot = 0{,}3833^0$; $40' = 0{,}666\cdot = 0{,}66666\cdot = 0{,}6667^0$. Bei dem Gebrauch der Ergänzungstafel 15a ist für die Bestimmung der Logarithmen kleiner Winkel und Bogen große Genauigkeit erforderlich, um gröbere Fehler zu vermeiden.
Beisp. 3. $49'25'' = 0{,}8166\,6\cdot + 0{,}0069 = 0{,}8236^0$; $5'' = 5' : 60 = 0{,}08333 : 60 = 0{,}001389^0$.

§ 5. Erläuterungen und Beispiele zu T. 3: $y = \sin x$; $\cos x$

1. Die Tafelschrittweite beträgt $w = 0{,}1^0 = 6'$. Die erste Differenz ist 17. Die Differenzen nehmen von 17 bis auf 0 bei $\sin 90^0$ ab, was auch aus dem Verlauf der Funktionskurve einleuchtend ist. Durch die Dezimalteilung des Grades erhält man annähernd nur halb so große Differenzen wie bei der Minutenteilung.

2. Aufsuchen des Funktionswertes $y = \sin x$.

Beisp. 1. $\sin 0{,}75^0 = 0{,}0131$; $\sin 30{,}46^0 = 0{,}5069$; $\cos 28{,}63^0 = \left\{\begin{matrix} 0{,}8780 \\ -\;3 \end{matrix}\right\} = 0{,}8777$.

Es ist zu beachten, daß die Funktionen cos und ctg im I. Quadranten fallende Funktionen sind.

3. Aufsuchen des zugehörigen Winkelwertes.

Beisp. 2a. $\sin x = 0{,}3081$, $\underline{74}$, $70 : 16 \approx 4$; $x = 17{,}94^0$; b) $\cos x = \underline{0{,}7856}$ (59), $30 : 11 \approx 3$; $x = 38{,}23^0$.

§ 6. Die Interpolation. Zulässigkeit der Interpolation 1. und 2. Ordnung

1. Zum tieferen Verständnis der Interpolation und ihrer Verwendung müssen wir noch einige Begriffe und Beziehungen erläutern. Ein Ausdruck von der Form

$$y = a_0 + a_1 x + a_2 x^2 + \cdots + a_n x^n$$

in dem n eine positive ganze Zahl bedeutet und die Vorzahlen $a_0, a_1 \ldots a_n$ reelle Zahlen sind, heißt eine ganze rationale Funktion n-ten der Veränderlichen x.

Beispiele: $y = 0{,}3 + 2x$ ist eine ganze rationale F. 1. Grades,
$y = 1{,}5 - 0{,}8x + x^2$ „ „ „ „ „ 2. „ ,
$y = -6 - 7x + x^3$ „ „ „ „ „ 3. „ .

Setzt man in diesen Funktionen $x = 0, 1, 2, 3 \ldots$, so bilden die erhaltenen Funktionswerte entsprechend arithmetische Reihen 1., 2. oder 3. Ordnung.

So bildet die Reihe der Quadrate, die aus der Funktion $y = x^2$ hervorgeht, eine arithmetische Reihe 2. Ordnung. Man erhält für $x = 0, 1, 2, 3 \ldots$ die

Hauptreihe		0	1	4	9	16	25	36 . . .
I. Differenzreihe	$D^{(1)}$	1	3	5	7	9	11 . .	
II. „	$D^{(2)}$	2	2	2	2	2		

Subtrahiert man in der Hauptreihe jedes Glied von dem ihm folgenden, so entsteht die I. Differenzreihe mit den Differenzen 1. Ordnung $D^{(1)}$. Verfährt man in gleicher Weise mit den Gliedern der I. Differenzreihe, so entsteht die II. Differenzreihe mit den Differenzen 2. Ordnung $D^{(2)}$. Die nächste Differenzreihe ist 0, 0, . ., also nicht vorhanden. Jede ganze rationale Funktion n-ten Grades hat n Differenzreihen.

Die ganzen rationalen Funktionen sind die einfachsten Funktionen. Sie werden daher in der praktischen Mathematik zur Erleichterung von Rechenvorgängen benutzt, indem man verwickelte Funktionen teilweise durch ganze rationale Funktionen (Parabeln 1., 2. oder 3. Grades usw.) von möglichst geringem Grade ersetzt, die man als Ersatz- oder Interpolationsfunktionen bezeichnet.

2. Beim Rechnen mit Funktionen $y = f(x)$ hat man zunächst die Grundaufgabe, zu gegebenen Werten von x die zugehörigen Funktionswerte zu bestimmen. Von besonderer Bedeutung aber für die Lösung wissenschaftlicher und praktischer Probleme ist die umgekehrte Aufgabe: Aus gegebenen Wertepaaren (x, y) eine möglichst einfache Funktion zu finden, die von diesen erfüllt wird. Die Lösung dieser Aufgabe ist eindeutig, wenn man dazu die einfachste ganze rationale Funktion verwendet. Dabei braucht, nebenbei bemerkt, der allgemeine Ausdruck der ursprünglichen Funktion gar nicht bekannt zu sein. Selbst wenn das der Fall ist, so ist vielfach der Ausdruck für das praktische Rechnen zu umständlich oder schwierig. Viel einfacher kommt man mit Hilfe einer Ersatzfunktion, also durch das Verfahren der Interpolation oder Zwischenschaltung zum Ziele. Das gilt besonders auch beim Tafelrechnen. Bilden die bekannten Funktions-

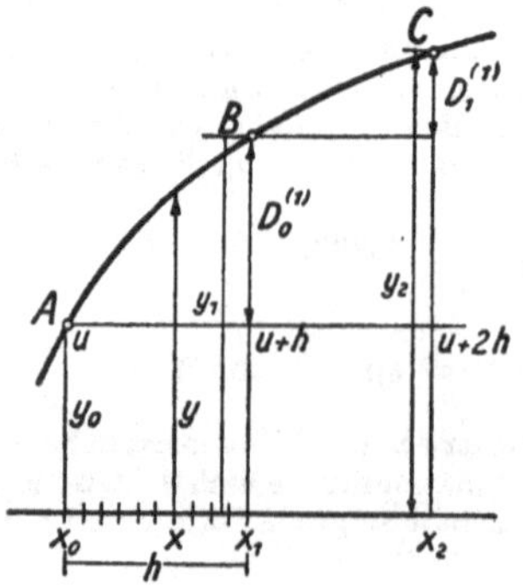

Bild 2. Quadrat. Interpolation

werte innerhalb eines bestimmten Intervalls annähernd eine Reihe 1., 2. oder 3. Ordnung, so kann man die in Frage stehende Funktion in diesem durch eine ganze rationale Funktion 1., 2. oder 3. Grades ersetzen. Unsere Aufgabe geht also dahin, die Vorzahlen der Ersatz- oder Interpolationsfunktion zu finden.

3. **Die Interpolationsfunktion (Bild 2).** Es seien gegeben für die
Werte x_0, x_1, x_2 die zugehörigen
Funktionswerte y_0, y_1, y_2, die annähernd eine Reihe 2. Ordnung bilden sollen.

Wir gehen aus von der für das Tafelrechnen zweckmäßigen Ersatzfunktion (1)

(1) $$y = a_0 + a_1(x - x_0) + a_2(x - x_0)^2$$

oder für $x - x_0 = u$

(1ª) $$y = a_0 + a_1 u + a_2 u^2.$$

Wir erhalten dann nach (1ª)

$$\begin{array}{l|l}
\text{für } u_0 = 0 & \underline{y_0 = a_0} \\
u_1 = h & y_1 = a_0 + a_1 h + a_2 h^2 \\
u_2 = 2h & y_2 = a_0 + 2a_1 h + 4a_2 h^2
\end{array}
\quad
\begin{array}{l}
\left.\right\} \underline{y_1 - y_0 = D_0^{(1)} = a_1 h + a_2 h^2} \\
\left.\right\} y_2 - y_1 = D_1^{(1)} = a_1 h + 3a_2 h^2
\end{array}
\left.\right\} \underline{y_2 - 2y_1 + y_0 = D_0^{(2)} = 2a_2 h^2}$$

Aus den unterstrichenen Gleichungen folgt zur Bestimmung der Vorzahlen

$$a_2 = \frac{D_0^{(2)}}{2h^2}\,; \qquad a_1 h + a_2 h^2 = D_0^{(1)}\,; \qquad a_0 = y_0$$

$$a_1 = \frac{1}{h}\left(D_0^{(1)} - \frac{1}{2} D_0^{(2)}\right).$$

und mithin für $$y = y_0 + \frac{1}{h}\left(D_0^{(1)} - \frac{1}{2} D_0^{(2)}\right) u + \frac{1}{2h^2} D_0^{(2)} u^2.$$

Diese Formel bezieht sich auf das Intervall $x_1 - x_0 = u_1 - u_0 = h$, das wir für das Tafelrechnen in 10 gleiche Teile teilen. Für $u = \frac{n}{10}\, h$, wo n die Werte 0, 1, 2, 3 ····· 9 annehmen kann, erhalten wir dann

(2) $$y = y_0 + \frac{n}{10}\,\frac{D_0^{(1)}}{1!} + \frac{n}{10}\left(\frac{n}{10} - 1\right)\frac{D_0^{(2)}}{2!}.$$ **Interpolationsformel 2. O. (Quadratische Interp.)**

Sehen wir von dem dritten Gliede auf der rechten Seite der Gleichung (2) ab, so haben wir die bekannte Formel der linearen Interpolation. Für diese sind 2 benachbarte Wertepaare (x, y) erforderlich. Bei der quadratischen Interpolation sind 3 solcher Wertepaare (Stützen) nötig, da nach (1) die Interpolationsfunktion 3 unbekannte Vorzahlen hat.

Zur Abkürzung setzen wir

$$\frac{n}{10} = t_1\,, \qquad \frac{n}{10}\left(\frac{n}{10} - 1\right) = t_2\,, \qquad \frac{n}{10}\left(\frac{n}{10} - 1\right)\left(\frac{n}{10} - 2\right) = t_3.$$

Für die kubische Interpolation erhalten wir dann entsprechend wie vorher

(3) $$y = y_0 + t_1\,\frac{D_0^{(1)}}{1!} + t_2\,\frac{D_0^{(2)}}{2!} + t_3 \cdot \frac{D_0^{(3)}}{3!}$$ **Interpolationsformel 3. O. (Kubische Interpolation)**

Zusammenstellung der Werte t_1, t_2, t_3. Es ist für

n	1	2	3	4	5	6	7	8	9
t_1	0,1	0,2	0,3	0,4	0,5	0,6	0,7	0,8	0,9
$-t_2$	0,09	0,16	0,21	0,24	**0,25**	0,24	0,21	0,16	0,09
t_3	0,171	0,288	0,357	**0,384**	0,375	0,336	0,273	0,192	0,099

Höchstwert von
$|t_2| = \frac{1}{4} = 0{,}25$ für $n = 5$,
$|t_3| = \frac{48}{125} = 0{,}384$,, $n = 4$.

Damit hat der Benutzer die Möglichkeit, bequem quadratische und kubische Interpolationen durchzuführen.

4. **Zulässigkeit der linearen und quadratischen Interpolation.**

Die Zulässigkeit der ersten ist bereits in der Tafel in Abschnitt C unter II S. 28 mit einem Beispiel behandelt. Näheres siehe dort.

> **Lineare Interpolation ist bei einer in gleichen Schritten der Eingangszahl fortschreitenden Tafel an der Stelle x_0 zulässig, wenn die Beziehung gilt**
>
> $$\boxed{D_0^{(2)} < 4}$$ **d.h., wenn $D_0^{(2)}$ kleiner als 4 Einheiten der letzten Stelle bleibt.**
>
> **Ist dagegen $D_0^{(2)}$ größer, so liefert die quadratische Interpolation die Einschaltung von Zwischenwerten, wenn $D_0^{(3)} < 8$ Einheiten der letzten Dezimalstelle ist.**

Denn quadratische I. ist nach (3) möglich, wenn $t_3 \cdot \frac{D_0^{(3)}}{6} < 0{,}5 \cdot 10^{-s}$ ist. Da der Höchstwert von $t_3 = \frac{48}{125} = 0{,}384 \approx 0{,}4$, so muß $\underline{D_0^{(3)} < 8}$ **Einheiten der letzten Dezimalstelle sein.**

Beisp. 1. Der Tafel 4 ($y = \operatorname{tg} x$) entnehmen wir

	y	$D^{(1)}$	$D^{(2)}$	$D^{(3)}$
tg 87,5°	22,90			
		96		
tg 87,6°	23,86		8	
		104		1
tg 87,7°	24,90		9	
		113		2
tg 87,8°	26,03		11	
		124		
tg 87,9°	27,27			

Aus der Zusammenstellung ersehen wir, daß die Tafel bei 87,5° nicht linear interpolierbar ist. Da die $D^{(3)} < 8$ ist, kommt hier die quadratische Interpolation in Frage.

Es ist

$$\operatorname{tg} 87{,}65^0 = 23{,}86 + 0{,}52 - 0{,}01 = 24{,}37\,(r).$$

Beisp. 2. Aus der Tafel 2 entnehmen wir die Werte von x^3 mit der größeren Schrittweite $w = 0{,}1$ für

x	4,0		4,1		4,2		4,3		4,4
x^3	64,00		68,92		74,09		79,51		85,18
$D^{(1)}$		492		517		542		567	
$D^{(2)}$			25		25		25		

Die Reihe x^3 ist nicht linear interpolierbar, wohl aber quadratisch.

Es ergibt sich z. B.

$$4{,}05^3 = \left\{\begin{matrix} 64{,}00 \\ +\,2{,}46 \\ -\,0{,}03 \end{matrix}\right\} = 66{,}43\,(r)\,; \qquad 4{,}25^3 = \left\{\begin{matrix} 74{,}09 \\ +\,2{,}71 \\ -\,0{,}03 \end{matrix}\right\} = 76{,}77\,(r).$$

§ 7. Erläuterungen und Beispiele zu Tafel 4: $y = \operatorname{tg} x$; $\operatorname{ctg} x$

1. Die Tafel $y = \operatorname{tg} x$ ist von $x = 83{,}5^0$ an nicht mehr linear interpolierbar, da die zugehörige Differenz $D^{(2)} = 5$ ist. Die letzten drei Differenzen vor und die ersten drei nach der Übergangsstelle sind

127		130		134	|	138		143		147.
	3		4		4		5		4	

Die Anzahl der Dezimalstellen der Tafelzahlen beträgt von tg 45° ab 3 Stellen, im blokkierten Gebiet später 2 und 1 Stelle. Es ist jedoch zu beachten, daß durch Abstreichen der dritten Dezimalstelle im Abschnitt von $\overline{10{,}02}$ an wieder linear interpolierbar wird.

2. **Beisp. 1.** $\operatorname{tg} 34{,}85^0 = \underline{0{,}6963}$; $\quad \left.\begin{matrix}\operatorname{ctg} 73{,}32^0 - 0{,}3000 \\ -4\end{matrix}\right\} = 0{,}2996$

2. $\operatorname{tg} x = 0{,}7826$, $\; -13$, $\; 130 : 28 \approx 5$, $\quad \underline{x = 38{,}05^0}$; $\quad \operatorname{ctg} x = 2{,}190$, $\; 94 -$, $\; 40 : 10 = 4$, $\quad \underline{x = 24{,}54^0}.$

§ 8. Erläuterungen und Beispiele zu Tafel 5: Aufzinsungs- u. Abzinsungsfaktoren

1. Die Tafeln sind nicht linear interpolierbar. Es sind mehr als 4 Stellen gegeben, um eine ausreichende Genauigkeit für den praktischen Gebrauch zu ermöglichen. Durch Abschneiden von Stellen kann man die Tafelzahlen auch für die Anwendung der linearen Interpolation geeignet machen (Beispiel 1). Die Aufgaben der Zinseszins-, Anleihe- und Versicherungsrechnung sind möglichst ohne Logarithmen zu berechnen, da die Berechnung höherer Potenzen mit Hilfe von Logarithmen (siehe § 18) recht ungenau ist.
2. **Beisp. 1.** Gegeben sind die Aufzinsungsfaktoren für 3% von 20 bis 23 Jahren. Wieviel Stellen sind zu streichen, um linear interpolieren zu können?

		$D^{(1)}$	$D^{(2)}$
20 Jahre	1,80611		
		5418	
21 ,,	86029		163
		5581	
22 ,,	91610		168
		5749	
23 ,,	97359		

Man erkennt sofort, daß das Abstreichen von 2 Dezimalstellen die zweiten Differenzen unter 4 herabdrückt. Man führe das Abstreichen hier aus, da es im Druck mit besonderen Kosten verbunden ist.

Beisp. 2. Bei welchem Zinsfuß zwischen 3 und 4% wächst ein Kapital mit Zinseszinsen in 20 Jahren auf den doppelten Betrag?

Es ist für

p	3%	3,5%	4%	4,5%
q^{20}	1,806	1,990	2,191	2,412
	184	201	221	
		2	2	

In dieser Aufstellung hat man noch eine Dezimalstelle zu streichen. Man tue es!
Einem Zuwachs für q^{20} von 0,20 entsprechen 0,5%
" " " " " 0,01 " . . . . 0,5% : 20 = 0,025%.
Mithin ist das gesuchte $p \approx 3{,}525\%$. Das genauere Ergebnis ist 3,526%.

Beisp. 3. Ein Kapital ist in 10 Jahren von 1500 DM auf 2115,90 DM gewachsen. Gesucht der Zinsfuß.
Es ist $q^{10} = k_{10} : k_0 = 2115{,}90 : 1500 = 1{,}4106$. Die Tafel liefert $p = 3{,}5\%$.

Beisp. 4. Barwert von 4 nachschüssigen Zahlungen von je 1000 DM bei 5% Diskont.

$$B = 1000\left(\frac{1}{q} + \frac{1}{q^2} + \frac{1}{q^3} + \frac{1}{q^4}\right) = 3546 \text{ DM}$$

Beisp. 5. Eine Hypothek von $S = 10000$ DM soll in 10 gleichen Jahreszahlungen A abgetragen werden. Jährliche Zahlung bei 5%?

$$\text{Es ist } A = S\frac{q-1}{1-(\frac{1}{q})^{10}} = 10000\,\frac{0{,}05}{1-0{,}6139} = \frac{500}{0{,}3861} = 1295 \text{ DM}.$$

B. Logarithmentafeln

§ 9. Von den Logarithmen im allgemeinen

1. **Entstehung und Begriff.** Logarithmen sind Hilfs- oder Ersatzzahlen, die zweckmäßig in Tafeln zusammengestellt werden und mit denen man statt mit den gegebenen rechnet, um die Rechenvorgänge zuvereinfachen. Wie kommt man zu den Logarithmen?

In der einfachen Potenzaufgabe $2^3 = 8$ müssen zwei Größen bekannt sein, um die dritte zu finden. Es liegt vor, wenn

a) der Potenzwert x gesucht ist, also $x = 2^3$ gegeben ist, eine Potenzaufgabe,
b) die Grundzahl b " " " $b^3 = 8$ " " " Wurzelaufgabe,
c) der Exponent y " " " $2^y = 8$ " " " Logarithmenaufgabe.

In der letzten Beziehung, in der der Exponent oder die Hochzahl $y = 3$ gesucht ist, heißt dieser Exponent der Logarithmus der Zahl oder des Numerus 8 zur Grundzahl 2. Logarithmen sind demnach Exponenten zu einer gegebenen Grundzahl. Wir machen uns eine ganz einfache Logarithmentafel, indem wir in der nachstehenden Tabelle die Zahlen x als Potenzen derselben Grundzahl 2 darstellen:

x	1	2	4	8	16	32	64	128	256	512	1024	Zahlen (Numeri)
2^y	2^0	2^1	2^2	2^3	2^4	2^5	2^6	2^7	2^8	2^9	2^{10}	Darstellung als Potenzen
y	0	1	2	3	4	5	6	7	8	9	10	Logarithmen [1])

[1]) In der Arithmetik (Arithmetica integra) von Michael Stifel (1487—1567) finden wir bereits eine solche Zusammenstellung, die man vielleicht als erste Logarithmentafel bezeichnen könnte. Der Verfasser hat die Bedeutung der Logarithmen schon klar erkannt. Erst die Einführung der Dezimalbrüche ermöglichte vollständige Logarithmentafeln. Die erste gab der Schotte Lord John Neper (1614) heraus. Etwas später (1620) erschien die Tafel des Schweizers Jost Bürgi. Beiden war die moderne Erklärung der Logarithmen als Potenzexponenten einer bestimmten Grundzahl völlig fremd, die erst um 1750 von L. Euler gegeben wurde, der zuerst im Logarithmieren die zweite Umkehrung der Potenzierung erkannte. Bei Neper ergibt sich als Grundzahl ein Wert, der 1 : e, bei Bürgi ein solcher, der e, also der Basis unserer natürlichen Logarithmen nahekommt. Die Logarithmen wurden ursprünglich sehr mühsam und umständlich aus der Vergleichung einer geometrischen Reihe und einer arithmetischen Reihe abgeleitet. Die erste stellt die Numeri, die zweite die Logarithmen dar. In seiner Arithmetica logarithmica 1624 erklärt H. Briggs die Logarithmen als Zahlen, die Proportionalgrößen, d. h. Gliedern einer geometrischen Reihe, zugeordnet sind. Daher erklärt sich auch der Name Logarithmen = Verhältniszahlen vom griech. logos = Verhältnis und arithmos = Zahl. An anderer Stelle bezeichnet er sie richtiger als Begleiter von Proportionalzahlen. Die Angaben vieler Bücher sind nicht zutreffend.

Um den Logarithmus unmittelbar als Funktion auszudrücken, schreibt man z. B. statt $2^y = 8$

$$y = {}^2\log 8 = 3 \text{ (gelesen: } y \text{ gleich Log. 8 zur Grundzahl 2).}$$

Rechenbeispiele:

$8 \cdot 32 = 2^3 \cdot 2^5 = 2^{3+5} = 2\underline{8}$	Zum Log. 8 gehört nach Tab.	256
$1024 : 64 = 2^{10} : 2^6 = 2^{10-4} = 2\underline{6}$	,, ,, 6 ,, ,, ,,	64
$8^3 = (2^3)^3 = 2^{3 \cdot 3} = 2\underline{9}$	,, ,, 9 ,, ,, ,,	512

Statt die gegebenen Zahlen 8 und 32 zu multiplizieren, hat man ihre Logarithmen 3 und 5 nur zu addieren und zu ihrer Summe 8 aus der Tabelle die zugehörige Zahl 256 zu entnehmen usw. Das Bild 3 gibt eine anschauliche Darstellung der Tabelle der Funktion $y = {}^2\lg x$ (oder $x = 2^y$). Während die Zahlen x in geometrischer Reihe (Faktor 2) wachsen, steigen die zugehörigen Logarithmen in arithmetrischer Reihe mit der Differenz 1. Der Multiplikation (Division) der Zahlen x entspricht die Addition (Subtraktion) der Zahlen y usw.

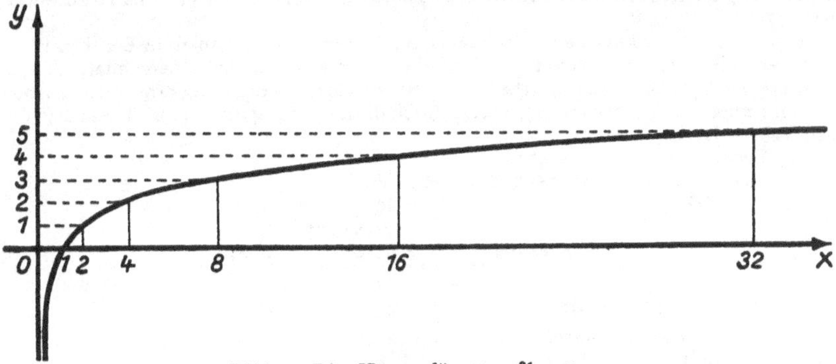

Bild 3. Die Kurve für $y = {}^2\log x$

Von besonderer Bedeutung für das praktische Rechnen sind die Zehnerlogarithmen (die gewöhnlichen Logarithmen) mit der Grundzahl 10.

Erklärung. Der Logarithmus einer Zahl x zur Grundzahl $b = 10$ ist der Exponent, mit dem 10 potenziert werden muß, um x zu erhalten.

Es muß also y so bestimmt werden, daß die Gleichung

(I) $$10^y = x$$ (z. B. $10^{0,5} = 10^{\frac{1}{2}} = 3{,}16$) erfüllt ist.

Der ,,Wert" von y kann hier nicht ohne weiteres durch bekannte Rechenzeichen angegeben werden, sondern man muß ein neues Symbol einführen. Man schreibt

(II) $$y = {}^{10}\lg x$$

und liest: y gleich Logarithmus x zur Grundzahl 10.

Beispiele. $\lg 100 = 2$, denn $10^2 = 100$; $\lg 31{,}6 \approx 1{,}5$, denn $10^{1,5} = 10^{\frac{3}{2}} = \sqrt{1000} \approx 31{,}6$.
In (II) heißt x der Numerus oder die Zahl.

Die Gesamtheit der Logarithmen aller Zahlen zu derselben Grundzahl bilden ein Logarithmensystem.

In Gebrauch sind zwei Systeme, die Zehnerlogarithmen (dekadische Lg), die zuerst von dem Engländer H. Briggs 1625 herausgegeben sind, und die natürlichen Logarithmen mit der Grundzahl $e = 2{,}71\,828\ldots$.

Die ersten werden mit **lg** (ohne Grundzahl), die letzten mit **lg nat** oder **ln** bezeichnet.

2. Die Gesetze für das Rechnen mit Logarithmen. Sind α und β die Zehnerlogarithmen der Zahlen a und b und ist n eine reelle Zahl, so erhält man einfach nach den Potenzgesetzen:

$$a \cdot b = 10^\alpha \cdot 10^\beta = 10^{\alpha+\beta} \quad \text{d. h.} \quad \lg (a \cdot b) = \alpha + \beta = \lg a + \lg b$$
$$a : b = 10^\alpha : 10^\beta = 10^{\alpha-\beta} \quad ,, \quad \lg (a : b) = \alpha - \beta = \lg a - \lg b$$
$$a^n = (10^\alpha)^n = 10^{n \cdot \alpha} \quad ,, \quad \lg a^n = n \cdot \alpha = n \lg a$$
$$\sqrt[n]{a} = \sqrt[n]{10^\alpha} = 10^{\frac{\alpha}{n}} \quad ,, \quad \lg \sqrt[n]{a} = \frac{1}{n} \cdot \alpha = \frac{1}{n} \lg a\,.$$

Das besagt: Wenn wir statt mit den gegebenen Zahlen mit ihren Ersatzzahlen, den Logarithmen, rechnen, so werden die Operationen des Multiplizierens, Dividierens, Potenzierens und Radizierens auf entsprechend einfachere mit den Logarithmen vorzunehmende Operationen, nämlich Addieren, Subtrahieren, Multiplizieren und Dividieren zurückgeführt. Wir erhalten den Logarithmus

eines Produktes, indem wir die Logarithmen der Faktoren addieren,
,, Quotienten, ,, ,, den Log. des Zählers um den Log. des Nenners vermindern,
einer Potenz, ,, ,, ,, ,, der Grundzahl mit dem Exponenten multiplizieren,
,, Wurzel, ,, ,, ,, ,, des Radikanden durch den Wurzelexponenten teilen.

Prüfe die Richtigkeit der Gesetze an der logarithmischen Teilung (Bild 7) in Abschn. D der Tafeln.

3. **Die elementare Berechnung einiger Logarithmen.** Zunächst berechnen wir mit Hilfe der Tafeln der Quadrate und Kuben einige leicht zu ermittelnde Werte:

$$10^{0,00} = 1 \qquad \text{d. h. } \lg 1{,}00 = 0.00$$
$$10^{0,25} = 10^{\frac{1}{4}} = \sqrt[4]{10} \approx 1{,}78 \qquad \lg 1{,}78 \approx 0.25$$
$$10^{0,50} = 10^{\frac{1}{2}} = \sqrt{10} \approx 3{,}16 \qquad \lg 3{,}16 \approx 0.50$$
$$10^{0,75} = 10^{\frac{3}{4}} = \sqrt[4]{1000} \approx 5{,}62 \qquad \lg 5{,}62 \approx 0.75$$
$$10^{1,00} = 10 \qquad \lg 10 = 1.00$$

Ebenso aus

$$10^{-0,5} = 1:\sqrt{10} \approx 0{,}316$$
$$10^{-0,25} = 1:\sqrt[4]{10} \approx 0{,}562$$
$$\text{d. h. } \lg 0{,}316 \approx -0{,}5$$
$$\lg 0{,}562 \approx -0{,}25.$$

Wir haben uns im Vorstehenden zur Vereinfachung des Kunstgriffes bedient, daß wir zu bestimmten Logarithmen die zugehörigen Zahlen errechneten. Das geschah gleichzeitig mit dem Ziel, aus den gefundenen Werten die Kurve von $y = \lg x$ zu zeichnen und aus der Darstellung die Logarithmen von anderen Zahlen des Bereiches von 1 bis 10 zu entnehmen (s. § 10, 1).

Es ist natürlich, daß der Leser, der zum ersten Male mit Logarithmen in Berührung kommt, auch wissen will, wie man den Logarithmus einer gegebenen Zahl berechnet. Die höhere Mathematik verfügt über sehr bequeme Verfahren. Dagegen ist die Berechnung mit elementaren Mitteln sehr mühsam, doch kann auch diese durch die Benutzung der Tafeln 1 und 2 (Quadrate, Kuben) sehr erleichtert werden.

Beisp. 1. Gesucht wird $x = \lg 464$.

Es ist also der Exponent x in der Gleichung

(1) $10^x = 464$ zu bestimmen.

$$10^x = 4{,}64 \cdot 10^2$$

Kubierung $10^{3x} = 99{,}90 \cdot 10^6$ (T. 2)

$$10^{3x} < 10^8$$

Demnach ist $3x < 8$; mithin $x < 2.6667$.

Die Log.-tafel ergibt $x = 2.6665$.

Beisp. 2. Es soll lg 59 berechnet werden.

Unsere Aufgabe ist also, den Exponenten x in der Gleichung

(2) $10^x = 59$ zu bestimmen.

Dazu quadrieren wir die Gl. (2), d. h. wir multiplizieren sie mit sich selbst.

Wir erhalten $10^{2x} = 3481$ (T. 1)

Weitere Quadrierung $10^{4x} \approx 1212 \cdot 10^4$,,

,, ,, $10^{8x} \approx 1469 \cdot 10^{11}$,,

,, ,, $10^{16x} \approx 2158 \cdot 10^{25}$,, oder

$10^{16x} > 2{,}150 \cdot 10^{28}$. Da $2{,}15^3 = 9{,}938 \approx 10$,

folgt nach Kubierung $10^{48x} > 9{,}938 \cdot 10^{84} \approx 10^{85}$

Demnach ist $x = \lg 59 \approx \frac{85}{48} \approx 1.77083$.

Wir haben damit lg 59 mit fünf Dezimalstellen gefunden. Die 7-stellige Logarithmentafel liefert 1.7708520, so daß der Fehler nicht einmal 3 Einheiten der fünften Dezimalstelle beträgt.

§ 10. Die Zehnerlogarithmen

1. **Die Vorteile der Zehnerlogarithmen** sind bedingt durch die folgenden **Grundgesetze:**

I. **Die Logarithmen der dekadischen und dezimalen Einheiten sind positive oder negative ganze Zahlen.**

$$10000 = 10^4$$
$$1000 = 10^3$$
$$100 = 10^2$$
$$10 = 10^1$$
$$1 = 10^0$$
$$0{,}1 = 10^{-1}$$
$$0{,}01 = 10^{-2}$$
$$0{,}001 = 10^{-3}$$

In der nebenstehenden Aufstellung sind die dekadischen und dezimalen Einheiten als Zehnerpotenzen geschrieben. Aus ihr folgt I. Weiter ergibt sich daraus, daß die Logarithmen aller anderen Zahlen x **zwischen diesen ganzen Exponenten** liegen: z. B. die Logarithmen aller 1-stelligen Zahlen zwischen 0 und 1, ferner ,, ,, ,, 2-stelligen ,, ,, 1 und 2 usw. Die Logarithmen dieser Zahlen x sind irrationale Dezimalbrüche, die je nach der gewünschten Genauigkeit auf 4, 5 oder 7 Stellen abgekürzt werden. Z. B. ist lg 2 = 0.3010 . . . (zwischen 0 und 1), lg 4250 = 3.6284 . . . (zwischen 3 und 4). Diese Logarithmen bestehen aus **einer ganzen Zahl vor dem Komma, der sogenannten Kennziffer** (Kennzahl) und **den Ziffern nach dem Komma, der Mantisse** (vom lat. mantissa = Zugabe).

II. **Die Kennziffer des Logarithmus einer Zahl ist immer um 1 kleiner als ihre Stellenzahl** (vgl. Graph. Log.-tafel 1, Titelbild der Tafeln u. Bild 5 der Erl.).

Die vorstehende Aufstellung zeigt, daß die Kennziffer aller 1-stelligen Zahlen (d. h. aller Zahlen von 1 → 10), 0 ist, die aller 2-stelligen Zahlen (von 10 → 100) 1 ist usw.

III. **Zahlen von verschiedenem Wert, aber mit derselben Ziffernfolge haben die gleiche Mantisse.**

Hat man z. B. lg 1,789 = 0.2549, so ist lg 178,9 = lg (100 · 1,789) = 2 + 0.2549 = 2.2549. Vgl. Titelbild der Tafeln.

2. **Negative Logarithmen.** Die Logarithmen von echten Brüchen sind negativ, wie die Darstellung der log. Kurve in Bild 4 deutlich vor Augen führt. Vgl. Titelbild der Tafeln.
Beisp. 1. $\lg \frac{1}{2} = \lg 0{,}5 = \lg (5 \cdot 10^{-1}) = \lg 5 + \lg 10^{-1} = 0.6990 - 1 = -0.3010.$
2. $\lg 0{,}02508 = \lg (2{,}508 \cdot 10^{-2}) = \lg 2{,}508 + \lg 10^{-2} = 0.3995 - 2.$
Negative Logarithmen schreibt man meist mit positiver Mantisse und negativer Kennziffer. Das hat seinen guten Grund. Denn wie bei den gewöhnlichen Zahlen diese durch das Komma einem bestimmten Zehnerbereich zugeordnet werden, so wird auch den Logarithmen durch die Kennziffer für den Numerus ein sicherer Platz in der Zehnerordnung zugewiesen. Das Titelbild der Tafeln und Bild 5 der Erl. führen diesen Zusammenhang klar vor Augen. Die Kennziffern sind die Rang- oder Platznummern der Zehnerbereiche, zu denen die Logarithmen gehören.

§ 11. Die logarithmische Kurve. Neue Formen.

Graphische Logarithmentafeln.

1. **Die logarithmische Kurve $y = \lg x$.** Die besondere Bedeutung der dekadischen oder Zehnerlogarithmen für das praktische Rechnen erkennt man am klarsten an der Hand der log. Kurve und ihren Erweiterungen. Es genügt bei diesem Logarithmensystem, nur die Logarithmen aller Zahlen eines Zehnerbereiches, z. B. von 1 bis 10 (Rechenschieber) oder von 100 bis 1000 (Vierst. Log.-tafel) zu kennen, um daraus die Logarithmen aller positiven Zahlen der anderen Bereiche in einfachster Weise abzuleiten.

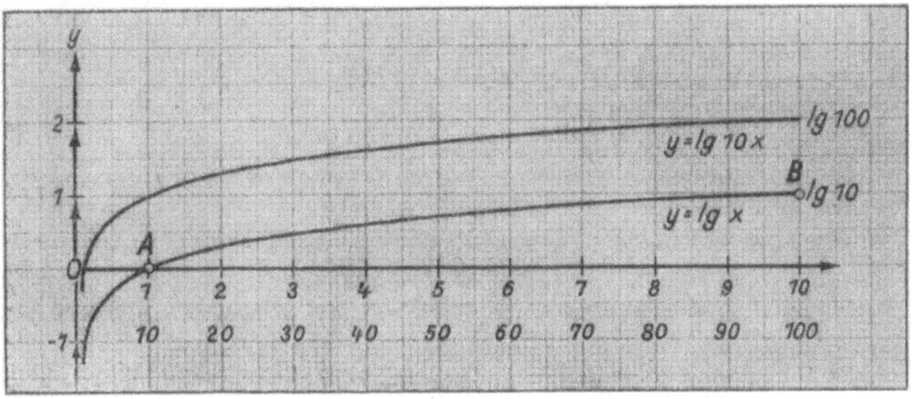

Bild 4. Die logarithmische Kurve $y = \lg x$ (Grundform) von $x = 0{,}1 \rightarrow 10$ (untere Kurve). Verschieben um eine Einheit nach oben ergibt log. Kurve von $x = 1 \rightarrow 100$.
Dabei Änderung des Maßstabes der x-Achse auf $\frac{1}{10}$ des ursprünglichen.

In Bild 4 ist die Kurve $y = \lg x$ von $x = 0{,}1$ bis $x = 10$ auf Grund der nachstehenden Tabelle dargestellt.

	0,1 ⟶ 1,0		1,0 ⟶ 10									
x	0,1	0,5	1	2	3	4	5	6	7	8	9	10
$y = \lg x$	— 1	—0.30	0.0	0.30	0.48	0.60	0.70	0.78	0.85	0.90	0.95	1.00

Bei der Darstellung ist zu beachten, daß z. B. $\lg 0{,}5 = \lg \frac{1}{2} = \lg 1 - \lg 2 = -\lg 2 = -0.30$ ist.
Aus dem Bild entnehme man a) die Log. von 2,5; 3,8; 5,2; 6,3; 7,6; 9,1
und umgekehrt b) die Numeri von 0.38; 0.58; 0.60; 0.64; 0.82; 0.94.
Denkt man sich das Kurvenstück AB von $x = 1$ bis $x = 10$ um eine Einheit nach oben verschoben, so erhält man die Logarithmen des Bereiches von <u>10 bis 100.</u>

Denn es ist nach § 9, 2)

$$\lg 20 = \lg (10 \cdot 2) = \lg 10 + \lg 2 = 1 + \lg 2 \approx 1.30$$
$$\lg 50 = \lg (10 \cdot 5) = \lg 10 + \lg 5 = 1 + \lg 5 \approx 1.70$$
$$\lg 100 = \lg (10 \cdot 10) = \lg 10 + \lg 10 = 1 + \lg 10 = 2.00 \text{ usw.}$$

Für die neue Kurve hat man nur das Argument oder die Eingangszahl x mit 10^1 zu multiplizieren.

Verschiebt man dagegen die Kurve um eine Einheit nach unten, so erhält man die Logarithmen von <u>0,1 bis 1,0.</u> Hier ist x mit $1:10 = 10^{-1}$ zu multiplizieren.

2. Man erkennt leicht, daß zur graphischen Bestimmung aller Logarithmen nur das Kurvenstück AB des Grundbereiches von 1 bis 10 erforderlich ist.

Es liegt daher nahe, aus diesem Hauptstück der normalen log. Kurve erweiterte Formen der log. Kurve abzuleiten und eine vollständige graphische Logarithmentafel (d. h. mit Angabe der Kennziffer) aufzubauen. Das kann auf zwei Arten geschehen a) in Kaskadenform, Bild 5, b) in Stufenform, Titelbild der Tafeln.

Die Kaskadenform (Bild 5) ergibt sich, indem man alle Zehnerbereiche auf der x-Achse gleich macht, also die Bereiche rechts vom Grundbereich fortlaufend im Maßstab m = 1 : 10, 1 : 100 usw. verkleinert, dagegen die links davon im Maßstab 10 : 1, 100 : 1 usw. vergrößert. Vorteil: Man ist der Höhe nach weniger beschränkt.

Die Stufenform (Titelbild der Tafeln = Graph. L. T. 1) ergibt sich, indem man sämtliche Achsenstücke der Zehnerbereiche mit dem Grundbereich zusammenfallen läßt und die Kurven der Logarithmen der höheren bzw. der niederen Bereiche gewinnt, indem man das Hauptstück der log. Kurve immer um je eine Einheit nach oben bzw. nach unten verschiebt. Damit gewinnt man ein ungemein anschauliches Bild einer vollständigen gra-

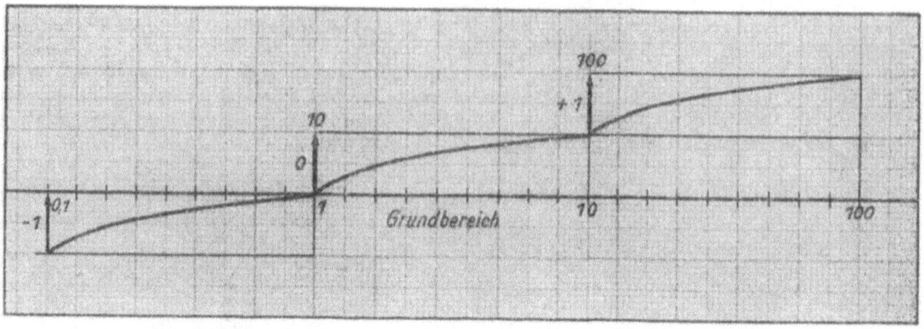

Bild 5. Die logarithmische Kurve $y = \lg x$ in Kaskadenform von $x = 0{,}1 \to 100$

phischen Logarithmentafel, die auf kleinstem Raum die vollständigen Logarithmen von beliebig vielen Bereichen z. B. von 8 oder 10 Zehnerbereichen umfaßt, während die Logarithmentafeln meist nur einen Bereich (z. B. die Vierst. Tafeln von 100 bis 1000) geben. Natürlich ist die Ablesegenauigkeit gering. Doch wird man zugeben müssen, daß diese so kleine Tafel die umfassendste Tafel darstellt, die bislang gegeben wurde. Der Hauptzweck der Tafel jedoch ist

1. ein anschauliches Bild der Gesetzmäßigkeiten der Zehnerlogarithmen zu geben,
2. die Möglichkeit der Überprüfung von Logarithmen, die aus einer Tafel entnommen sind, durch einen Blick zur Vermeidung von groben Irrtümern.

Die graph. Log.-tafel 1 liefert anschaulich die Kennziffer und die ersten Ziffern der Mantisse und umgekehrt zu gegebenen Logarithmen angenähert die zugehörigen Numeri (Eingangszahlen). Sie zeigt ferner die Bedeutung der Kennziffer und der Mantisse. Dem Leser wird zur Erhöhung der Anschaulichkeit empfohlen, im Titelbild den Streifen mit den Kennziffern und die kongruenten „Mantissenflächen" grün oder rot anzulegen.

Beispiele: Bestimmen des Logarithmus: $\lg 6310 \approx 3.80$; $\lg 44{,}7 \approx 1.65$; $\lg 0{,}0372 \approx 0.57 - 2$

„ „ Numerus: $\lg x = 1.903$; $\lg x = 2.251$; $\lg x = 0.3502 - 3$

$x \approx 80.0$ $\quad x \approx 178$ $\quad x \approx 0{,}00224$.

Die dekadische Ergänzung von $\lg 6310 = 3.8000$ ist der Log. des umgekehrten Wertes, also von $\lg (1 : 6310) = \lg 1 - \lg 6310 = -3.8000 = (4 - 3.8000) - 4 = 0.2000 - 4$. Graphisch erhält man das Bild der dekadischen Ergänzung, indem man das Bild von lg 6310 um die x-Achse nach unten umlegt oder an der x-Achse spiegelt. Man erkennt daraus anschaulich, wie im vorliegenden Falle bei der dek. Ergänzung die Kennziffer 0. — 4 zustande kommt. Legt man die oberen Kurven um die x-Achse um, so erhält man die sämtlichen dek. Ergänzungen der oberen Bereiche.

In der Graph. L.T. 1 sind für lg 600 (beachte $6 \cdot m = 6 \cdot 10^2$) die Kennziffer und Mantisse durch Pfeile gekennzeichnet, ebenso für $\lg 0{,}05 = \lg \frac{5}{100}$ ($m = 10^{-2}$). Die Kennziffern kennzeichnen den Zahlenbereich, zu dem der Logarithmus gehört, sie bilden bei den Logarithmen eine entsprechende Rolle wie das Komma bei den Zahlen. Aus der Graph. L. T. 1 erkennt man, daß die Logarithmen von echten Brüchen negativ sind, z. B. $\lg 0{,}05 = \lg \frac{5}{100} \approx 0.7 - 2 = -1.3$. Die Schreibweise $\lg 0{,}05 \approx 0.7 - 2$ mit negativer ganzer Kennziffer wird aus dem Bild anschaulich klar. Sie dient dazu, den zugehörigen Zahlenbereich zu kennzeichnen. Weiteres bleibt dem Leser überlassen.

Die Graph. L.T. 1 bildet auch die Grundlage zur Gewinnung eines anschaulichen Verständnisses des Rechenschiebers. Darauf kann im einzelnen nicht eingegangen werden.

Denken wir uns auf der y-Achse links die log. Teilungen aufgetragen, so ist die log. Einheit (lg 10 = 1) oder Maßeinheit 10 mm. Haben wir nun irgend einen Logarithmus, so bedeutet die Kennziffer die Anzahl der ganzen oder der vollen fehlenden Maßeinheiten, dagegen die stets positive Mantisse den Teil der Maßeinheit.

3. Das Titelblatt der Erläuterungen zeigt die graphische Logarithmentafel 2. Diese enthält auf 10 Teilskalen mit den Leitskalen 0, 1, 2 ... 9 eine logarithmische Teilung mit der logarithmischen Einheit (Maßeinheit) $l \cdot \lg 10 = 1000$ mm Länge. Zur Herstellung siehe Tafeln C, Graphisches Rechnen 1. Gemäß der angegebenen Maßeinheit werden auf der Teilung vom Anfangspunkt die Logarithmen von 1 bis 10 aufgetragen und die Endstellen mit der zugehörigen Zahl bezeichnet. Z. B. steht am Ende der Strecke $1000 \lg 2{,}600 = 1000 \cdot 0.4150 = 415$ mm die Zahl 2,6 oder 26. Für den Gebrauch ist zu beachten, daß man die Logarithmen auf den gerasterten Streifen abliest und zwar oben die Kennziffer, links die 1. Ziffer der Mantisse und auf der Meßteilung die 2. bis 4. Ziffer, dagegen die Numeri oder Zahlen auf den hellen Teilskalen. Zum Ablesen oder Einstellen benutzt man entweder ein genau geteiltes 10 cm langes Meßlineal mit Millimeterteilung[1]) oder besser einen durchsichtigen Ablesestreifen aus durchsichtigem Zellon, auf dessen unterer Fläche ein rot angelegtes Achsenkreuz eingeritzt ist oder einen Ablesestreifen auf Pauspapier, auf dessn Unterseite ein rotes Achsenkreuz gezeichnet ist.

Beispiele: a) Bestimmen des Logarithmus. Gesucht lg 1750. Ablesestreifen mit waagerechter Anlegelinie auf den unteren Rand der Tafel, lotrechte Ableselinie auf 1750. Dem oberen Streifen entnimmt man vorerst die Kennziffer 3, dann, da die Zahl auf der Teilskala mit der Leitzahl 2 steht, diese als 1. Mantissenziffer. Endlich liest man unter dem Ablesestrich auf der Meßteilung 430 ab. Ergebnis: lg 1750 = 3.2430.

b) Bestimmen des Numerus. Gesucht x, wenn $\lg x = 1.3375$ gegeben ist. Verfahren umgekehrt wie unter a). Ergebnis: $x = 21{,}75$.

c) Graphisches Rechnen: $1{,}36^2 = 1{,}850$; $\sqrt[3]{2{,}5150} = 1{,}36$ usw.

§ 12. Einrichtung und Gebrauch der Logarithmentafel (T. 11 u. 12)

1a) Die Vortafel 11 enthält die vollständigen Logarithmen mit vier Dezimalstellen von 1 bis 100. Sie hat nur den Zweck, dem ersten einführenden Unterricht in den Gebrauch der Logarithmen zu dienen und zwar zur bequemeren Entnahme der Logarithmen der Zahlen von 1 bis 100. Interpolation kommt für sie praktisch nicht in Frage. Jedoch kann man sich zur Übung die Frage vorlegen: Von welcher Stelle x_0 an wird sie für die Tafelschrittweite $w = 1$ linear interpolierbar. Ergebnis: $x_0 = 31$.

b) Die Haupttafel 12 enthält die vierstelligen Mantissen aller dreiziffrigen Zahlen von 100 bis 1000, also der Ziffernfolgen 100, 101, 102 .... Die Mantissen aller dreistelligen Zahlen können daher unmittelbar aus der Tafel entnommen werden, die der vierstelligen sind, abgesehen von den durch 10 teilbaren Zahlen, durch geradlinige Einschaltung zu bestimmen. Tafelschrittweite $w = 10$, da aus der Tafel nur die Logarithmen der Zahlen 1000, 1010, 1020, 1030 ... unmittelbar entnommen werden können.

2. Das Aufsuchen der Logarithmen.

Beisp. 1. lg 156 = 2.1931; lg 7,27 = 0.8615; lg 0,849 = 0.9289—1. Die dreistellige Zahl 156 liegt zwischen 100 und 1000 und hat demgemäß die Kennziffer + 2 (Graph. L.T. 1). Dazu tritt die Mantisse oder Zugabe 1931, die der Zeile mit der Leitzahl $\underline{15}$ in der Spalte $\underline{6}$ entnommen wird. Entsprechend ergibt sich: lg 1560 = 3.1931; lg 1,56 = 0.1931; lg 0,0156 = 0.1931 — 2. Nachprüfung an der Graph. L.T. 1: lg 1,56 ≈ 0.2.

Beisp. 2. (Mit Interpolation) lg 2868 = 3.4576; lg 18,67 = 1.2711; lg 0,01035 = 0.0149—2 Der Logarithmus von 2868 hat die Kennziffer 3 (Graph. L. T. 1). Zu der Ziffernfolge 28$\underline{60}$ gehört die Mantisse 4564, zur Ziffernfolge 28$\underline{70}$ dagegen 4579. Daher liegt lg 2864 zwischen 3.4564 und 3.4579. In übersichtlicher Schreibweise:

$$\lg 28\underline{70} = 3.4579$$
$$\lg 286\underline{8} = 3.45\cdot\cdot$$
$$\lg 28\underline{60} = 3.4564.$$

Einem Wachsen der Zahl x um 10 ... entspricht ein Wachsen des Log. um 15.10^{-4}, also einem „ „ „ „ „ 8 ... „ „ „ „ „ „ $8 \cdot 1{,}5.10^{-4} = 12.10^{-4}$.

Es ist demnach $\lg 2868 = \begin{Bmatrix} 3.4564 \\ +\ 12 \end{Bmatrix} = 3.4576.$

Betrachten wir das Ansteigen der Mantissen in dem Haupteingang der Zeile 28 ·, so stellen wir fest, daß diese durchschnittlich um 15.10^{-4} zunehmen und dadurch die Zulässigkeit der uns bekannten geradlinigen Interpolation begründet ist.

---

[1]) Da das Bild auf dem Titelblatt etwas stärker verkleinert ist als vorgesehen war, wird der Benutzer gebeten, falls er eine Meßteilung zum Anlegen wünscht, sich eine solche nach der gegebenen Meßteilung auf dem Rande einer Postkarte herzustellen.

Bemerkenswert ist, daß die Tafelschnittweite $w = 10$ beträgt.

Entsprechend ist lg 286 800 = 5.4576; lg 28,68 = 1.4576; lg 0.02868 = 0.4576—2 (Gr. L.T. 1).

3. Das Aufsuchen der Eingangszahlen oder Numeri (Gr. L. T. 1).

Beisp. 3. (o. I.) $\lg x_2 = 0.1430$, $x_1 = 1{,}39$; $\lg x_2 = 3.6304$, $x_2 = 4270$

4. (m. I.) $\lg x_3 = 4.8033$, $x_3 = 63570$; $\lg x_4 = 0.5167 - 2$, $x_4 = 0{,}03286$.

— 28   — 59

50 : 7   80 : 13

§ 13. Das Rechnen mit Logarithmen

1. Bei der Einführung in das log. Rechnen ist es dringend erforderlich, nicht sofort schematisch zu rechnen, weil dabei Sinn und Wesen der Logarithmen nicht klar zum Ausdruck kommen. Wir beginnen daher mit ganz primitiven Beispielen, um dafür um so deutlicher die Logarithmenrechnung als „Exponentenrechnung" in Erscheinung treten zu lassen. Wir empfehlen auch die Herstellung einer einfachen log. Teilung (Vierst. Tafeln, Abschn. D Bild 7) und Prüfung der Rechengesetze mit dem Zirkel mit den Beispielen

$\lg(2.3) = \lg 2 + \lg 3$; $\lg(6:2) = \lg 6 - \lg 3$; $\lg 2^3 = 3 \lg 2$; $\lg \sqrt[3]{8} = \frac{1}{3} \lg 8$.

Beisp. 1. Gesucht Prod. 12 · 15

Schreiben wir 12 und 15 als Potenzen von 10, so ist

$$12 = 10^{1.0792}$$
$$\cdot\, 25 = 10^{1.3979}$$
$$12 \cdot 25 = 10^{1.0792 + 1{,}3979}$$
$$\text{Prod.} = 10^{2.4771} \text{ d.h. lg Prod.} = 2.4771$$

Nach Tafel Prod. = 300

In abgekürzter Form:

Zahl	Lg
12	1.0792
· 25	+ 1.3979
300	2.4771

Beisp. 2. Gesucht Quot. 645 : 43

$$\text{Es ist } 645 = 10^{2.8096}$$
$$: 43 = 10^{1.6335}$$
$$645 : 43 = 10^{2{,}8096 - 1{,}6335}$$
$$\text{Quot.} = 10^{1.1761} \text{ d. h. lg Quot.} = 1.1761$$

Nach Tafel Quot. = 45

Zahl	Lg
645	2.8096
: 43	— 1.6335
15	1.1761

Beisp. 3. Gesucht Potenz $2{,}48^2$.

Da lg 2,48 = 0.3945, so ist

$$2{,}48^2 = (10^{0.3945})^2 = 10^{0.7890}$$

Potenz = 6,151

Beisp. 4. Gesucht Wurzel $\sqrt[3]{343}$

Da lg 343 = 2.5353, so ist

$$343 = 10^{2.5353}$$
$$\sqrt[3]{343} = 10^{2.5353:3} = 10^{0.8451}$$

Wurzel = 7

Beisp. 5. a) $526 \cdot 0{,}984 = 517{,}6$; b) $526 : 0{,}984 = 534{,}6$; c) $52{,}6^2 = 2767$; d) $\sqrt[3]{0{,}984} = 0{,}9948$

Beisp. 6. $A = \dfrac{a \cdot b}{c} = \dfrac{3{,}478 \cdot 45{,}63}{125{,}4}$

Ausrechnung:

	Zahl	Lg
a	3,478	0.5413
$\cdot b$	45,63	+ 1.6593
ab		2.2006
$: c$	125,4	— 2.0983
A	1,266	0.1023

Beisp. 7. $\sqrt[5]{0{,}3546}$

Zahl	Lg
0,3546	0.5497 — 1
$\sqrt[5]{0{,}3546}$	(4.5497 — 5) : 5
0,8126	0.9099 — 1
	96
	30 : 5

2. Dekadische Ergänzung. Dieser bedient man sich, wenn bei Rechenausdrücken Multiplikationen und Divisionen abwechseln, um die Subtraktion von Logarithmen in eine Addition zu verwandeln. Soll z. B. in einem Ausdruck durch 37,66 dividiert werden, so kann man dafür 1 : 37,66 als Faktor setzen. Es ist nun lg 37,66 = 1.5759. Dann erhält man für

$$\lg(1 : 37{,}66) = \lg 1 - \lg 37{,}66 = \left\{ \begin{matrix} +2 \\ 0 - 1.5759 \end{matrix} \right\} - 2$$
$$= 0.4241 - 2 \quad \text{(Dekadische Erg.).}$$

An Hand der Stufenkurve ergibt sich die dek. Erg. durch Umlegung um die x-Achse nach unten oder einfache Spiegelung an der x-Achse.

Beispiel: lg 6310 = 3.8000; lg (1 : 6310) = 0.2000 — 4.

Die dek. Erg. von lg a ist der Logarithmus des umgekehrten Wertes von a, also lg (1 : a). Die Mantisse der dek. Erg. kann man sofort hinschreiben, wenn man den Logarithmus in der Tafel vor sich hat. Man hat einfach jede Ziffer der Mantisse von 9 abzuziehen, nur die letzte von 10.

Zahl	Lg
3,478	0.5413
· 45,63	+ 1.6593
· 1 : 125,4	+ 0.9017 — 2
1,266	0.1023

Die Anwendung auf das Beisp. 6 zeigt die Vorteile, die darin bestehen, daß das Rechenschema einfacher und übersichtlicher (auch Einsparung einer Zeile) und die Überprüfung erleichtert wird.

Bemerkungen: 1. Sind negative Logarithmen wie z. B. $(\overset{+1}{0}.4856-\overset{-1}{2}):3$, also durch eine Zahl zu teilen, die in der negativen Kennziffer nicht aufgeht, so addiert man vor dem Komma und subtrahiert bei der Kennziffer soviel Einheiten, daß der negative Teil der Kennziffer gerade teilbar ist, im Beisp. $(1.4856-3):3 = 0.4952-1$.

2. Addition und Subtraktion lassen sich mit Logarithmen nicht ohne weiteres durchführen. Es soll z. B. $\sqrt{42{,}17^2 \pm 36{,}28^2}$ mit und ohne Logarithmen berechnet werden.

§ 14. Erläuterungen u. Beispiele zu T. 13: lg sin x; lg cos x und T. 14: lg tg x; lg ctg x

1. Beide Tafeln sind am Anfang bis $x = 3{,}2^0$ nicht linear interpolierbar, die zweite auch nicht am Ende von $86{,}7^0$ ab. Für diese Gebiete ist die Ergänzungstafel 15a) zu benutzen. Die negativen Logarithmen der Tafeln 13 und 14 sind um 10 vermehrt. Demnach ist bei ihnen — 10 anzufügen. Da z. B. $\sin 30^0 = 0{,}5$, ist $\lg \sin 30^0 = 0.6990-1$. In der Tafel findet sich 9·6990 (—10), eine Schreibweise, die für das praktische Rechnen zweckmäßig ist.

2. Aufschlagen der Logarithmen.

Beisp. 1. $\lg \sin 37{,}24^0 = 9.7819-10$; $\lg \cos 59{,}36^0 = 9.7073-10$
2. $\lg \mathrm{tg}\ 23{,}65^0 = 9.6414-10$; $\lg \mathrm{tg}\ 74{,}62^0 = 10.5606-10$.

3. Aufschlagen der Winkel.

Beisp. 3. $\lg \sin x = 9.5512-10$, $x = 20{,}84^0$; $\lg \cos x = 9.9156-10$, $x = 34{,}58^0$
$\lg \mathrm{tg}\ x = 9.9480-10$, $x = 41{,}58^0$; $\lg \mathrm{ctg}\ x = 0.2100$, $x = 31{,}66^0$.

§ 15. Erläuterungen und Beispiele zu der Ergänzungstafel 15a)

1. Die Ergänzungstafel 15a) ist hinsichtlich ihrer Genauigkeit bei dem geringen Umfang als eine Art Zaubertafel anzusprechen. Es gibt eine gute neuere Tafel, die rd. 13 Seiten aufwenden muß, um die gleiche Aufgabe zu lösen wie die kaum halbseitige Tafel. Die in den Vierstelligen Tafeln gewöhnlich gegebenen Hilfstafeln sind für die Bestimmung kleiner Winkel nicht ausreichend. Begründung und Aufbau der Tafel siehe unter 3.

2. Beim Gebrauch der kleinen Tafel ist zu beachten, daß, wenn Winkel in Minuten und Sekunden gegeben sind, diese auf 5 Dezimalstellen in Grad möglichst genau ausgerechnet und dann gekürzt werden. Die Umrechnung kann ohne weiteres mit der Hilfstafel b) Seite 1 erfolgen.

Beisp. 1. Gesucht $\lg \sin 7'\,14''$

$$7' = 0{,}11666^0$$
$$14'' = 14' : 60 = 0{,}00388^0$$
$$\overline{\ 0{,}12055^0}$$

$$\lg \sin 0{,}12055^0 = 9.0812-10 \text{ (T. 12)}$$
$$-S = -1.7581$$
$$\lg \sin 0{,}1206^0 = 7.3231-10$$
$$(F \approx (\tfrac{1}{10}''))$$

2. Gesucht $\lg \mathrm{tg}\ 0{,}2416^0$

$$\lg \mathrm{tg}\ 0{,}2416^0 = 9.3831-10 \text{ (T. 12)}$$
$$-T = -1.7581$$
$$\lg \mathrm{tg}\ 0{,}2416^0 = 7.6250-10 \ (F < \tfrac{1}{5}'')$$

3. Gesucht x, wenn $\lg \sin x = 8.5974-10$ ist.

$$\lg \sin x = 8.5974-10$$
$$+S = +1.7582$$
$$\lg x^{(0)} = 0.3556$$
$$x^0 = 2{,}268^0$$

4. Gesucht $\lg \cos 88{,}382^0 = \lg \sin 1{,}618^0$

$$\lg 1{,}618^{(0)} = 10.2090-10$$
$$-S = -1.7581$$
$$\lg \cos 88{,}382^0 = 8.4509-10$$

3. Die vierstelligen Logarithmen der Sinus und Tangens für $x < 3{,}3^0$ verändern sich selbst in kleinen Intervallen (Schrittweiten) nicht hinreichend proportional, so daß geradlinige Einschaltung nicht möglich ist. Deswegen werden zweckmäßig die Logarithmen der Zwischenwerte für die Sinus und Tangens der kleinen Winkel und ihrer Komplemente in der nachstehend angegebenen Weise ermittelt. Begründung:

Für x im Bogenmaß ist

(1a) $\sin x = x - \frac{x^3}{3!} + \frac{x^5}{5!} - \cdots$ | (1b) $\cos x = 1 - \frac{x^2}{2!} + \frac{x^4}{4!} - \cdots$

Für $x_5 = \text{arc } 5^0 = \widehat{5^0} = 0{,}08727$ ergibt sich

$\sin x = x_5 - \frac{x_5^3}{3!} + \frac{x_5^5}{5!} - \cdots$ | $\cos x_5 = 1 - \frac{x_5^2}{2!} + \frac{x_5^4}{4!} - \cdots$

Nun ist für $x = \text{arc } 5^0$ $\frac{x_5^4}{24} < \frac{0{,}09^4}{24} < 0{,}000003$. Wir können daher beim Rechnen mit 4 oder 5 Dezimalstellen die Glieder von $\frac{x^5}{5!}$ und $\frac{x^4}{4!}$ in (1a) und (1b) weglassen und unter der Beschränkung $x < \text{arc } 5^0$ setzen

(2a) $\sin x = x - \frac{x^3}{3!} = x\left(1 - \frac{x^2}{6}\right)$ | (2b) $\cos x = 1 - \frac{x^2}{2}$

Nach dem binomischen Lehrsatz folgt aus (2b)

$$\sqrt[3]{\cos x} = \sqrt[3]{1 - \frac{x^2}{2}} = 1 - \frac{1}{6}x^2 - \frac{1}{36}x^4 - \cdots$$

Für kleine Winkel ist daher

(3) $1 - \frac{x^2}{6} = \sqrt[3]{\cos x}$. Ersetzen wir nun in (2a) $\left(1 - \frac{x^2}{6}\right)$ durch $\sqrt[3]{\cos x}$, so erhalten wir die beiden grundlegenden **Näherungsformeln**

(Ia) $\sin x = x\sqrt[3]{\cos x}$ | (Ib) $\text{tg } x = \frac{\sin x}{\cos x} = \frac{x}{\sqrt[3]{\cos^2 x}}$.

Das sind die **Formeln von Maskelyne** (1777). Aus ihnen folgt

(IIa) $$\lg \sin x = \lg x + \frac{1}{3}\lg\cos x = \lg (x^{(0)}\cdot\widehat{1^0}) + \frac{1}{3}\lg\cos x$$
$$= \lg x^{(0)} + \underbrace{\lg \widehat{1^0} + \frac{1}{3}\lg\cos x}_{} = \lg x^{(0)} - S$$

(IIb) $$\lg \text{tg } x = \lg x^{(0)} + \underbrace{\lg \widehat{1^0} - \frac{2}{3}\lg\cos x}_{} = \lg x^{(0)} - T$$

Nun ist $\widehat{1^0} = \text{arc } 1^0 = \frac{\pi}{180} = \frac{1}{180:\pi} = \frac{1}{57{,}296^{(0)}}$, mithin

$$\lg \widehat{1^0} = -\lg 57{,}296^{(0)} = -1.75812$$

Demnach ist (IIc)

$$S = 1.75812 - \frac{1}{3}\lg\cos x$$
$$T = 1.75812 + \frac{2}{3}\lg\cos x$$

Die Größen S und T ändern sich nur sehr langsam.

Für die Anfertigung unserer äußerst genauen kleinen Ergänzungstafel gelten damit bis mindestens $x = 5^0$ die **einfachen Grundformeln**

(IIIa) $\lg \sin x = \lg x^{(0)} - S$ | (IIIb) $\lg \text{tg } x = \lg x^{(0)} - T$

4. **Für fünfstellige Tafeln** sind $\lg \sin x$ und $\lg \text{tg } x$ bereits von $x = 1{,}767^0 = 1^0\,46'$ bzw. $1{,}781^0 = 1^0\,47'$ an linear interpolierbar. Man könnte demnach bei ihnen die Ergänzungstafel auf Werte bis $x = 2^0$ beschränken. Für das praktische Rechnen ist es jedoch zweckmäßig, die Ergänzungstafel bis $x = 5^0$ für die Bestimmung der Zwischenwerte zu erweitern. Denn die Tafelwerte ändern sich bis $x = 5^0$ noch so schnell, daß für die *P. T.* (Verhältnisteile) der zahlreichen Differenzen kein Platz ist. Für Minuten und Sekunden gelten entsprechende Formeln wie in (IIIa) und (IIIb). In (IIc) ist statt $\lg \varrho^0 = 1.75812$, $\lg \varrho' = 3.53627$ bzw. $\lg \varrho'' = 5.31443$ zu setzen.

$$\varrho^0 = 180^0 : \pi = 57{,}296^0;\quad \varrho' = 10800' : \pi = 3437{,}7';\quad \varrho'' = 648000'' : \pi = 206265''.$$

C. Beurteilung der Genauigkeit beim Tafelrechnen

§ 16. Das Nötigste aus der elementaren Fehlerrechnung

1. Ein sehr erheblicher Teil der Maßzahlen der Technik und Wissenschaft ist nicht unmittelbar beobachtet, sondern durch Rechnungen und Messungen gefunden. Solche Maßzahlen sind daher Funktionen gemessener Größen, die alle mit Fehlern behaftet sind. Diese Fehler sind unbekannt, jedoch sind wir in der Lage, ihre mögliche Größe abzuschätzen. Demgemäß können wir auch für die Ergebnisse bei Benutzung der gemessenen Größen nur mögliche Fehler angeben.

Auch in der Mathematik hat man es weitgehend mit ungenauen Zahlen zu tun. Man denke nur an die Zahl π, für die man vielfach die sehr ungenauen Werte $22/7$ oder $3{,}14$ nimmt. Schon bei der Addition und Subtraktion von zwei abgekürzten Zahlen ist eine Unsicherheit von einer Einheit in der letzten Stelle nicht zu vermeiden. Z. B. ergibt beim Kürzen: $(4{,}853 + 6{,}754)\ m = 21{,}507\ m$, links $21{,}50\ m$, rechts dagegen $21{,}51\ m$.

2. Abschätzen der größtmöglichen Fehler beim praktischen Rechnen.

a) Algebraische Summe: $s = a - b + c.$

Die gemessenen Größen a, b, c seien entsprechend mit den Fehlern δa, δb, δc behaftet.

Die Rechnung
$$\begin{aligned} s + \delta s &= (a + \delta a) - (b + \delta b) + (c + \delta c) \\ -s &= -(a - b + c) \\ \hline \delta s &= \delta a - \delta b + \delta c \end{aligned}$$

ergibt keinesfalls den wahren Gesamtfehler, da wir weder die genaue Größe der einzelnen Fehler noch auch ihre Vorzeichen kennen. Wir sind nur in der Lage, uns ein Urteil über die größtmöglichen Einzelfehler und den größtmöglichen Gesamtfehler zu bilden, so daß

$$|\delta s| \leq |\delta a| + |\delta b| + |\delta c|$$

ist. Der Einfachheit halber schreiben wir, indem wir unter δa, δb, δc und δs die größtmöglichen Fehler verstehen

$$\text{(I)} \qquad \underline{\delta s = \delta a + \delta b + \delta c.}$$

Der absolute Betrag des größtmöglichen Fehlers einer algebraischen Summe ist gleich der Summe der absoluten Beträge der größtmöglichen Einzelfehler.

Beisp. 1. Eine Seite eines rechteckigen Grundstücks wurde mit einem 25 m langen Meßband gemessen. Man fand 197,64 cm. Wie groß ist der größtmögliche Fehler, wenn die Unsicherheit des Ansetzens an jedem Ende 0,5 cm und die der Länge infolge Dehnung usw. 0,6 cm beträgt.

Ergebnis: $\delta s = 8 \cdot 1{,}0 + \dfrac{198 \cdot 06}{25} = 8 + 4{,}8 = 12{,}8 \approx 13$ cm.

Beisp. 2. Wie groß ist der größtmögliche Fehler des Umfangs eines Dreiecks mit den Seiten $a = 6{,}28$, $b = 4{,}37$, $c = 7{,}89$ cm. Bei der Messung ist an jedem Ende ein Anlege- bzw. Ablesefehler von 0,2 mm möglich, so daß $\delta a = \delta b = \delta c = 0{,}4$ mm beträgt. Ergebnis: $\delta s = 0{,}12$ cm.

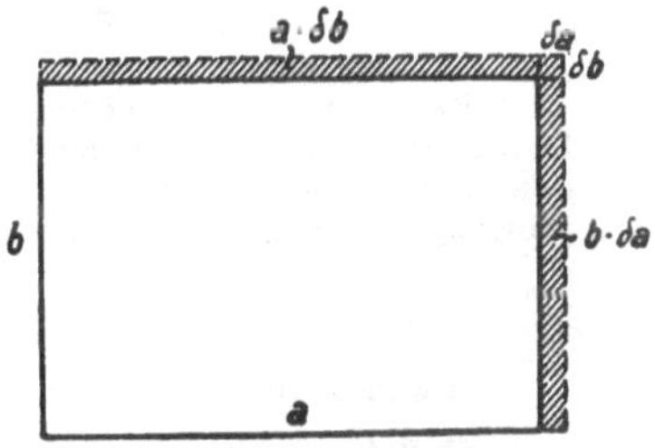

Bild 6. Anschauliche Ableitung des möglichen abs. Fehlers $\delta y = b\delta a + a \cdot \delta b$

b) Produkt: $\underline{y = a \cdot b}$

Die Unsicherheit der durch Messung gefundenen Größen a und b beträgt entsprechend δa und δb. Dann ist

$$y + \delta y = (a + \delta a)(b + \delta b) = ab + b\delta a + a\delta b + \delta a \cdot \delta b.$$

Wir subtrahieren $y = ab$

$$\delta y = b \cdot \delta a + a \cdot \delta b + \delta a \cdot \delta b$$

Da δa und δb kleine Größen sind, kann man das Produkt $\delta a \cdot \delta b$ gegenüber der Streifensumme $b \cdot \delta a + a \cdot \delta b$ weglassen, wie das Bild 6 zeigt. Welche Möglichkeiten gibt es für das Bild für $\pm\, \delta a$ und $\pm\, \delta b$?

Ergebnis: (IIa) $\underline{\delta y = b \cdot \delta a + a \cdot \delta b}$ (Absoluter Fehler)

Dividieren wir durch $y = ab$, so folgt

$$\text{(IIb)} \qquad \underline{\frac{\delta y}{y} = \frac{\delta a}{a} + \frac{\delta b}{b}} \qquad \text{(Relativer Fehler)}$$

Der größtmögliche relative Fehler eines Produktes ist gleich der Summe der relativen Fehler der Faktoren.

Beisp. 3. Es soll die Fußbodenfläche eines rechteckigen Zimmers mit den Seitenlängen $a = 6{,}27$ und $b = 5{,}64$ m berechnet werden. Messung mit 10 m-Meßband; Unsicherheit beim Ansetzen und Ablesen einschließlich Dehnung 1,5 cm.

Wir erhalten	$F + \delta F = (6{,}27 \pm 0{,}015)\,(5{,}64 \pm 0{,}015)$
und daraus	$\delta F = (6{,}27 + 5{,}64)\,(\pm 0{,}015) = \pm 0{,}18\ \text{m}^2$
Mithin ergibt sich	$F = (35{,}36 \pm 0{,}18)\ \text{m}^2$

$$\frac{\delta F}{F} = \frac{0{,}18}{35{,}4} \approx 0{,}0054 = 0{,}54\%.$$

Nehmen wir an, daß die Messungen nur mit einem Fehler von 0,5 cm behaftet seien, so ergäbe sich

$$F = (35{,}36 \pm 0{,}06)\ \text{m}^2,$$

so daß dann das Ergebnis zwischen 35,42 und 35,30 m² läge. Das besagt:

Während die Messung also noch Zentimeter lieferte, könnten im Ergebnis nur noch die Zehner der Quadratdezimeter mit einiger Sicherheit gefunden werden.

Wichtige Regel: Sind in einem Produkt nur n (3) geltende Ziffern bekannt, so kann auch das Ergebnis nicht genauer als auf n (3) geltende Ziffern berechnet werden.

Es ist daher falsch, als Ergebnis $F = 35{,}3628\ \text{m}^2$, das rein rechenmäßig gefunden wurde, anzugeben, da selbst die erste Dezimalstelle nicht einmal völlig sicher ist. Das ist bei allen Aufgaben zu beachten, bei denen gegebene Stücke durch Messung bestimmt oder abgekürzte Werte aus einer Tafel entnommen werden.

c) Quotient: $y = a : b$ Unsicherheiten δa und δb.

Schreiben wir $y \cdot b = a$, so ist nach (IIa)

$$b\delta y + y\delta b = \delta a$$

Daraus folgt

$$\delta y = \frac{\delta a}{b} - y \cdot \frac{\delta b}{b} = \frac{\delta a}{b} - \frac{a \cdot \delta b}{b^2} = \frac{a}{b}\left(\frac{\delta a}{a} - \frac{\delta b}{b}\right).$$

Wegen der Unsicherheiten der Vorzeichen der Einzelfehler folgt hier wie unter b)

(III) $$\frac{\delta y}{y} = \frac{\delta a}{a} + \frac{\delta b}{b}.$$ (Relativer Fehler des Quotienten $a : b$)

Der größtmögliche relative Fehler eines Quotienten ist gleich der Summe der größtmöglichen relativen Fehler von Dividend und Divisor.

Fehlerbestimmung von Quotienten mit Hilfe des binomischen Lehrsatzes in Sonderfällen.

$$\frac{1}{a \pm x} = \frac{1}{a} \cdot \frac{1}{1 \pm \frac{x}{a}} = \frac{1}{a}\left(1 \mp \frac{x}{a} + \frac{x^2}{a^2} \mp \frac{x^3}{a^3} \pm \cdots\right)$$

Beisp. 4. Die Geschwindigkeit eines Autos wird von zwei telefonisch verbundenen Beobachtern geprüft. Meßstrecke 72 m, gestoppte Zeit 4,8 Sek. Die Beobachtung des Passierens des Anfangs und Endes der Meßstrecke kann um je 3 m und die Zeitmessung um 0,2 Sek. unsicher sein. Welcher mögliche Fehler folgt daraus für die errechnete Geschwindigkeit?

Es ist $v = s : t$, also $$\frac{\delta v}{v} = \frac{\delta s}{s} + \frac{\delta t}{t} = \frac{6}{72} + \frac{0{,}4}{4{,}8} \approx 0{,}17 = 17\%$$

Demnach ist $v = (15 \pm 2{,}6)\ {}^{m}/_{s} = (54 \pm 9{,}4)\ {}^{km}/_{h}$ (T. 9. S. 16 u. E.).

d) Potenz: $y = x^n$

Ist der Exponent n eine reelle Zahl, so ergibt sich nach den Regeln der Differentialrechnung $$\frac{dy}{dx} = nx^{n-1}$$ Folglich ist

(IVa) $$\delta y = nx^{n-1}\,\delta x$$ (Absoluter Fehler)

(IVb) $$\frac{\delta y}{y} = n\frac{\delta x}{x}$$ (Relativer Fehler)

Der relative Fehler einer n-ten Potenz ist gleich dem n-fachen relativen Fehler der Grundzahl.

Ist n eine ganze Zahl, so kann (IVa) auch elementar aus (II) abgeleitet werden.

Beisp. 5. Man zeichne Quadrate mit den Seitenlängen $x = 6{,}0;\ 6{,}1;\ 6{,}2;\ 6{,}3 \ldots$ cm Wie groß ist der Fehler beim Inhalt, wenn mit dem Stechzirkel bei Abnahme des Maßes ein Fehler von 0,1 mm gemacht wird.

Nach (II) oder (IVa) ergibt sich
$\delta y_1 = 2 \cdot 0{,}01 \cdot 6{,}0 = 0{,}12\ \text{cm}^2$
$\delta y_2 = 2 \cdot 0{,}01 \cdot 6{,}1 \approx 0{,}12$ „
$\delta y_3 = 2 \cdot 0{,}01 \cdot 6{,}2 \approx 0{,}12$ „ usw.

Man vergleiche die Zeile der Quadratzahltafel mit der Eingangszahl 6,0. Anschauliche Ableitung an der Zeichnung! Ein gegenseitiges Aufheben von positiven und negativen Fehlern gibt es nicht (Zeichnung!).

e) Bei verwickelten Funktionen und solchen mit mehreren Veränderlichen benutzt man zur Fehlerberechnung die bekannten Differentiationsformeln.

§ 17. Beispiele bei Benutzung der Zahlentafeln. (Numerische Rechnungen)

1. Der Durchmesser eines Kreises mißt $d = 25{,}32$ cm. Der mögliche Meßfehler betrage 0,05 cm. Wie groß ist der mögliche Fehler für den Inhalt durch Messung und Rechnung (T. 1)?

Es ist $\dfrac{\delta F}{F} = 2\dfrac{\delta d}{d} = \dfrac{2\cdot 0{,}05}{25{,}32} = \dfrac{0{,}1}{25{,}32} \approx \dfrac{0{,}4}{100} = 0{,}4\%$.

$$\delta F \approx \frac{0{,}1}{25}\cdot\frac{\pi}{4}(641{,}1 \pm 0{,}1) \approx (2{,}1 \pm 0)\,\mathrm{cm}^2.$$

Die Ungenauigkeit der Tafelzahl ist ohne Einfluß auf das Ergebnis.

2. In einem rechtwinkligen Dreieck mißt die Hypotenuse $c = (42{,}85 \pm 0{,}05)$ m und der Winkel $\alpha = 65{,}48^0 \pm 0{,}02^0$. Gesucht ist die Kathete a.

Es ist $a = c\sin\alpha$, also $\quad \delta a = \sin\alpha\cdot\delta c + c\cos\alpha\cdot\delta\alpha$

Daraus folgt $\quad \dfrac{\delta a}{a} = \dfrac{\delta c}{c} + \operatorname{cotg}\alpha\cdot\delta\alpha$[1].

$$\approx \frac{0{,}05}{42} + (0{,}4561 \pm 0{,}0005)\cdot 0{,}00035$$

Nun ist $a \approx 38{,}99$, mithin $\quad \delta a \approx 39{,}0\,(0{,}0012 + 0{,}00016) \approx 39{,}0\cdot 0{,}0014$

$\approx 0{,}06$ (m), also $\underline{a = 38{,}99 \pm 0{,}06\ (\mathrm{m})}$.

Der Einfluß des Winkelfehlers auf die Tafelzahl beträgt $2\cdot\dfrac{D\cdot 10^{-4}}{10} = 0{,}0004$, dazu kommt noch der mögliche Tafelfehler 0,0001, zusammen $\pm\,0{,}0005$.

3. Gesucht ist der relative und absolute Fehler für den Inhalt eines Dreiecks. Gegeben ist $b = (90 \pm 0{,}10)$ m; $c = (17{,}0 \pm 0{,}10)$ m und $\alpha = 81{,}2^0 \pm 0{,}1^0$.

Es ist $\quad J = \frac{1}{2}bc\cdot\sin\alpha = 756\ (\mathrm{m}^2)$.

$$\frac{\delta J}{J} = \frac{\delta b}{b} + \frac{\delta c}{c} + \operatorname{ctg}\alpha\cdot\delta\alpha$$

$$\approx \frac{0{,}1}{90} + \frac{0{,}1}{17} + (0{,}1548 \pm 0{,}00185)\cdot 0{,}0017$$

$$\underline{\approx 0{,}01 = 1\%} \text{ und } \underline{\delta J = 7{,}6\ (\mathrm{m}^2)}.$$

Übungsbeispiel: Gegeben: $b = (78{,}24 \pm 0{,}08)$ cm, $c = (51{,}36 \pm 0{,}06)$ m, $\alpha = 58{,}46^0 \pm 0{,}02^0$.

4. Gesucht wird der relative und absolute Fehler für die Kathete b eines rechtwinkligen Dreiecks, wenn $c = (33{,}15 \pm 0{,}01)$ m und $a = (19{,}89 \pm 0{,}01)$ m ist.

Mit 7-stelligen Tafeln findet man

$$b = \sqrt{(c+a)(c-a)} = \sqrt{53{,}04\cdot 13{,}26} = 26{,}52_0\ (\mathrm{m})$$

Es ist $\quad \dfrac{\delta b}{b} \approx \dfrac{1}{2}\left(\dfrac{0{,}02}{53{,}0} + \dfrac{0{,}02}{13{,}3}\right) = \underline{9{,}4\cdot 10^{-4}} \approx \underline{0{,}1\%}$

Daraus folgt $\quad \delta b \approx 26{,}5\cdot 9{,}4\cdot 10^{-4} \approx \underline{0{,}03\ (\mathrm{m})}$.

Die letzte Stelle im Ergebnis ist um höchstens 3 Einheiten unsicher, daher

$$\underline{b = (26{,}52 \pm 0{,}03)\ \mathrm{m}}.$$

Die Tafel der Quadrate T. 1 liefert ein recht genaues Ergebnis.

	Unsicherheit		
	der Tafelzahl		der Messung
$c^2 = 33{,}15^2 = 1099$	1,0		0,6 $\left(\delta y = \dfrac{D\cdot 10^{-8}}{10}\right)$
$-a^2 = 19{,}89^2 = -395{,}6$	0,1		0,4
$b^2 = 703{,}4$	1,1 + 0,05	+	1,0 = 2,15
$-702{,}3$	5,3 der Tafelzahl	——	0,1 der Eingangszahl
$110 : 53 \approx 2$	2,15 ,, ,,	——	$\dfrac{2{,}15}{53} = 0{,}04$
$b = 26{,}52 \pm 0{,}04$			
	Das gleiche Ergebnis liefert die Formel (III) $\delta x = \dfrac{w\,\delta y}{10^{-s}\cdot D} = \dfrac{0{,}1\cdot 2{,}15}{10^{-1}\cdot 53}$ oder die Fehlergleichung $\delta x = \delta y : f'(x)$.		

[1]) $\delta\alpha$ ist im Bogenmaß zu nehmen. Da arc $1^0 = 0{,}01745$, so ist $\delta\alpha = 0{,}00035$.

5. Bestimmung der **Unsicherheit von** $z = \sqrt{a^2 + b^2 + c^2}$ bei Benutzung der Tafel der Quadrate (T. 1). $a = 2{,}485$; $b = 3{,}668$; $c = 6{,}343$.

Zahl	Quadrate	Unsicherheit 10^{-3}
a	6,175	1
b	13,46	10
c	40,24	10
	59,875	21
	75	+ 5
	$125 : 16 \approx 8$	$26 : 16 \approx 1{,}6$

$z = 7{,}738 \pm 0{,}0016$ | $z_1 = 7{,}740$, $z_2 = 7{,}736$ |

Es entsprechen ($D = 16$)

$16 \cdot 10^{-2}$ d. Tafelzahl 10 Einh. d. 4. Stelle von z

$1 \cdot 10^{-2}$ „ „ $\frac{10}{16}$ „ „ 4. „ „ z

$2{,}6 \cdot 10^{-2}$ „ „ $\frac{26}{16} = 1{,}6$ „ „ 4. „ „ z.

oder nach Formel III. $\delta x = \frac{w \cdot \delta y}{10^{-s} \cdot D} = \frac{0{,}01 \cdot 26.}{10^{-2} \cdot 16}$

Die 4. Stelle ist unsicher. Genaues Ergebnis $7{,}737_0$.

Unsicherheitsspanne bei der
- 4-stelligen Zahlentafel $3{,}2 \cdot 10^{-3}$
- 5- „ Log.-tafel $2{,}8 \cdot 10^{-3}$
- 7- „ „ $0 \cdot 10^{-3}$

6. **Tafel der Aufzinsungs- und Abzinsungsfaktoren.**

In § 18 wird gezeigt, daß die Berechnung höherer Potenzen mit Hilfe von Logarithmen sehr ungenau ist. Man sollte sich daher im mathematischen Unterricht bei Aufgaben aus der Zinseszins- und Versicherungsrechnung nur ausnahmsweise der Logarithmen bedienen und sollte nach Möglichkeit die Tafeln der Aufzinsungs- und Abzinsungsfaktoren benutzen, wodurch der Rechengang erheblich abgekürzt werden kann. Der Bearbeiter benutzt seit 1912 in seinen Lehrbüchern solche Sondertafeln mit ausreichender Stellenzahl. Aufzinsungs- und Rentenfaktoren mit nur 4 geltenden Ziffern zu geben, wie es vielfach von neueren vierstelligen Kurztafeln geschieht, ist praktisch wertlos.

a) (T. 5). **Zu welchem Betrage wächst eine einmalige Einlage** k_0 von 10000 DM zu 5% in 8 Jahren an?

Es ist $k_8 = k_0 \cdot q^8 = 10000 \cdot 1{,}05^8 = 10000 \cdot 1{,}47746 = \underline{14774{,}60}$ DM.

Dabei ist offenbar der mögliche Fehler $F < 10000 \cdot 0{,}5 \cdot 10^{-5} = 0{,}05$ DM also ohne Belang. Mit 5-stelligen Logarithmen erhält man $\lg k_8 = \lg k_0 + 8 \lg 1{,}05 = 4 + 8 \cdot 0.02119$, wo die letzte Ziffer im Logarithmus um $0{,}5 \cdot 10^{-5}$ unsicher ist. Ergebnis: 14775, **möglicher Fehler** $8 \cdot 0{,}5 \frac{10}{29} \approx 1{,}40$ DM. Aus dem Vorstehenden erkennt man klar, daß sich der mögliche Fehler bei der logarithmischen Rechnung aus dem 8-fachen des Fehlers von $\lg q = \lg 1{,}05$ ergibt, während bei Benutzung der Zahlentafel T. 5 nur der einfache Abrundungsfehler von $q^8 = 1{,}05^8 = 1{,}47746$ in Betracht kommt.

b) Wie groß ist der **Barwert** B eines nach 4 Jahren fälligen Kapitals von 12000 DM zu $4\frac{1}{2}$%?

$$B = 12000 \left(\frac{1}{1{,}045}\right)^4 = 10062{,}7 \text{ DM.} \qquad F \leqq 12000 \cdot 0{,}5 \cdot 10^{-5} = 0{,}06 \text{ DM.}$$

c) Ein Kapital von 15000 DM hat sich bei 6% auf 35625 DM erhöht. Gesucht die **Zinsdauer**.

Die logarithmische Rechnung ist umständlich. Falls die gesuchte Anzahl der Jahre keine ganze Zahl ist, gilt die Formel

$$k_0 \cdot q^n \left(1 + \frac{pt}{3600}\right) = k_n,$$

wo t die Anzahl der Tage des nicht vollen Jahres bedeutet.

Für unser Beispiel ist $\frac{k_n}{k_0} = \frac{35625}{15000} = 2{,}375 = 1{,}06^x$.

Nach T. 5a ist $1{,}06^{14} = \underline{2{,}261} \triangleq 14{,}8$ Jahre $= 14$ J. 288 Tage.

$114 : 14 \approx 8$

Man erhält t aus $\frac{2{,}375 \cdot 6 \cdot t}{36000} = 0{,}114$. Der Rechenschieber liefert auch $t = 288$.

d) Wie groß ist der **Zinsfuß eines Kapitals** von 4000 DM, das in 8 Jahren auf 6120 DM angewachsen ist?

Es ist $q^8 = \frac{k_n}{k_0} = \frac{6120}{4000} = 1{,}530$. Nach T. 5a ist der nächstkleinere Wert für $1{,}05^8$ $= \underline{1{,}477}$ ($q^9 \approx \underline{1{,}55}$, $q^8 \approx 1{,}48$). Mithin Ergebnis $\underline{5{,}75\%}$.

$53 : 7 \approx 7{,}5$

e) Wie groß ist der **Barwert von 4 nachschüssigen Zahlungen** von je 1000 DM, wenn 5% Diskont gerechnet werden (T. 5b)?

$$B = 1000 \left(\frac{1}{q} + \frac{1}{q^2} + \frac{1}{q^3} + \frac{1}{q^4}\right) = \frac{1000\,(q^4 - 1)}{q^4\,(q - 1)} = 1000 \frac{1 - (\frac{1}{q})^4}{q - 1}$$

$$= 1000 \quad \frac{0{,}17730}{0{,}05} = 3546{,}00 \text{ DM.} \quad F \leqq 0{,}10 \text{ DM}$$

(3545,95) DM

Bei Ermittlung des Ergebnisses durch Summierung (Rechenmaschine) ist

$$F \leqq 1000 \cdot 4 \cdot 0{,}50 \cdot 10^{-5} = 0{,}02.$$

f) Eine Schuld $S = 10000$ DM soll durch 10 gleiche Jahreszahluhgen (Annuitäten A) getilgt werden. Wie groß ist die jährliche Zahlung bei 5% Zinsen?

$$A = S \cdot (q - 1) : \left(1 - \frac{1}{q^{10}}\right) = \frac{500}{0{,}38609} = \underline{1295{,}04 \text{ DM.}} \quad F < 0{,}01.$$

Fehlerbestimmung mit Hilfe des binomischen Lehrsatzes siehe § 16, 2c)

§ 18. Beispiele bei Benutzung der Logarithmentafeln (Logarithmische Rechnungen)

Beurteilung der Genauigkeit 4- und 5-stelliger Tafeln

Bemerkung. Für die Beurteilung der Genauigkeit beim Aufschlagen des Numerus (Eingangszahl) ist zu beachten, daß bei einer vierst. Tafel die Unsicherheit jeder Tafelzahl durch das Abrunden $0{,}5 \cdot 10^{-4}$ (bei fünfstell. Tafeln $0{,}5 \cdot 10^{-5}$) beträgt. Das bedeutet eine Unsicherheit von

$$\delta x = \frac{10 \cdot 0{,}5}{D} = \frac{5}{D} \text{ Einheiten der 4. Stelle des Numerus.}$$

Beisp. Gegeben ist $\lg x = 2.8743$ d. h. $x_0 = 748{,}7$.

$$\frac{39}{40 : 6 \approx 7}$$

Da $D = 6$ ist, beträgt nach dem vorher Gesagten die Unsicherheit $5:6 = 0{,}83 \approx 0{,}8$ Einheiten der 4. Stelle, daher $x = \underline{748{,}7 \pm 0{,}08}$.

x liegt demnach sicher zwischen $x_1 = 748{,}8$ und $x_2 = 748{,}6$.

Für den fünfst. $\lg x = 2.87427$ ergibt sich entsprechend

$$x_1 = 748{,}64_2 \text{ und } x_2 = 748{,}62_4.$$

A. Zusammengesetzte Zahlenausdrücke.

1. Multiplikation.

Beisp. $x = a \cdot b \cdot c \cdot d = 72{,}519 \cdot 0{,}036922 \cdot 44{,}5396 \cdot 0{,}8445 \approx 100.$

	Mit 4-stell. Lg.		Mit 5-stell. Lg.	
Zahl	Lg	Uns. 10^{-4}	Lg	Uns. 10^{-5}
a	1.8604	1	1·86045	1
$\cdot b$	+ 0.5672—2	+ 1	+ 0.56728 — 2	1
$\cdot c$	1.6488	1	1·64875	1
$\cdot d$	0.9266 — 1	1	0.92660 — 1	0,5
	2.0030	4	2.00308	3,5
	00	+ 0,5[1]	303	+ 0,5[1]
$x = \begin{cases} 100{,}7 \\ \pm 0{,}1 \end{cases}$	300 : 43 ≈ 7	45:43 = 1,04	50:43 = 1,16	40 : 43 = 0,93
	$D = 43$	Einheiten der 4. Stelle		
$x_1 = 100{,}8$, $x_2 = 100{,}6$		[1]) Siehe Bemerkg. zu Anfang	$x = \begin{cases} 100{,}712 \\ \pm 0{,}009 \end{cases}$	$x_1 = 100{,}721$, $x_2 = 100{,}703$

2. Division. Beisp. 1. $x = a : b = 5672 : 40{,}68 \approx 140.$

	4-stell. Lg.		5-stell. Lg.	
Zahl	Lg	Uns. 10^{-4}	Lg	Uns. 10^{-5}
a	3·7537	1,0	3·75374	0,5
$: b$	— 1.6094	1,0	— 1.60938	0,5
x	2·1443	2,0	2.14436	1,0
	30	+ 0,5	26	+ 0,5
	130 : 31 ≈ 4	2 5 : 31 ≈ 0,8	100:31 ≈ 3,2	1 5 : 31 ≈ 0,5
$\underline{x = 139{,}4 \pm 0{,}08}$			$\underline{x = 139{,}43 \pm 0{,}005}$	

Beisp. 2. $x = a : b = 0{,}6719 : 8{,}762.$

Ergebnis: $x_1 = 0{,}07672$	Ergebnis: $x_1 = 0{,}076686$
(vierst. Lg) $x_2 = 0{,}07664$	(fünfst. Lg) $x_2 = 0{,}076680.$

Wegen der kleinen Differenz (6) kann das Ergebnis bei Benutzung 4-stell. Logarithmen nicht einmal auf 3 geltende Ziffern sicher angegeben werden.

3. **Potenzierung.** Beisp. $x = a^3 = 81{,}72^3$

Zahl	4-stell. Lg. Lg	 Uns. 10^{-4}	5-stell. Lg. Lg	 Uns. 10^{-5}
a	1.9123	1	1.91233	0,5
a^3	5.7369 64 50 : 8 ≈ 6 $D = 8$	3 · 1 = 3 + 0,5 35 : 12 ≈ 3 Einheiten der 4. Stelle	5.73699 695 40 : 8 = 5	3.0,5 = 1,5 + 0,5 20 : 8 = 2,5 Einheiten der 5. Stelle

4-stell.: $x = \begin{cases} 545600 \\ \pm 300 \end{cases}$ | $x_1 = 545900$, $x_2 = 545300$

5-stell.: $x = \begin{cases} 545750; \\ \pm 25 \end{cases}$ | $x_1 = 545775$, $x_2 = 545725$

Links (4-st.) sind nur 3 Stellen gesichert, Spielraum $6 \cdot 10^2 = 600$;
rechts (5-st.) „ „ 4 „ „ „ $5 \cdot 10 = 50$.
Bei Potenzen wächst der Fehler proportional dem Exponenten (§ 16, 2 d) und wird daher bei hohen Exponenten sehr erheblich.

Nach T. 2 ist $81{,}72^3 = 545700$, also erheblich genauer wie bei Benutzung 4-stell. Log.

4. **Radizierung.** Beisp. $x = \sqrt[5]{a} = \sqrt[5]{9217}$.

Zahl	4-stell. Lg Lg	 Uns 10^{-4}	5-stell. Lg. Lg	 Uns. 10^{-5}
a	3.9646	10	3.96459	5
$\sqrt[5]{a}$	0.7929 24 50 : 7 ≈ 7 $D = 7$	$\frac{10}{5} = 2$ + 5 7 : 7 = 1	0.79292 288 40 : 7 ≈ 6	$\frac{5}{5} = 1$ + 5 6 : 7 ≈ 1

4-stell.: $x = \begin{cases} 6{,}207 \\ \pm 1 \end{cases}$ | $x_1 = 6{,}208$, $x_2 = 6{,}206$

5-stell.: $x = \begin{cases} 6{,}2076 \\ \pm 1 \end{cases}$ | $x_1 = 6{,}2077$, $x_2 = 6{,}2075$

Beim Radizieren wird die Gesamtunsicherheit der Radikanden durch den Wurzelexponenten geteilt. Je größer dieser ist, um so kleiner wird die Unsicherheit. Unsicherheitsspannen links 2.10^{-3}, rechts 2.10^{-4}.

5. **Gemischte Rechnung.** Beisp. $x = \sqrt[3]{\frac{a^2 b}{c}}$.

$$a = 872{,}4;\; b = 5463;\; c = 27{,}05.$$

Es werden nur die abschließenden Rechnungen angegeben.

Zahl	4-stell. Lg. Lg	 Uns. 10^{-4}	5-stell. Lg. Lg	 Uns. 10^{-5}
$\sqrt[3]{R}$	2.9289	$\frac{40}{3} = 13{,}3$ + 5 18,3 : 5 = 3,7 $D = 5$	2.92890	$\frac{20}{3} = 6{,}7$ + 5 11,7 : 5 = 2,3

4-stell.: $x = \begin{cases} 849{,}0 \\ \pm 0{,}37 \end{cases}$ | $x_1 = 849{,}4$, $x_2 = 848{,}6$

5-stell.: $x = \begin{cases} 848{,}98 \\ \pm 0{,}023 \end{cases}$ | $x_1 = 849{,}00$, $x_1 = 848{,}96$

Unsicherheitsspannen rd 0,8 und 0,04! Die 7-stellige Tafel liefert ohne Genauigkeitsuntersuchung $x = 848{,}9818$. Das sehr genaue Ergebnis rechts erklärt sich aus dem Umstand, daß beim Logarithmieren von a, b, und c keine Interpolationen erforderlich waren.

Es leuchtet ein, daß die logarithmische Berechnung von Summenausdrücken, wie z. B. $a^2 - b^2 + c^2$ den geringsten Grad von Genauigkeit ergibt wegen des wiederholten Übergangs vom Numerus zum Logarithmus und umgekehrt. Dadurch ist die Notwendigkeit der Tafeln der Quadrate und Kuben begründet.

B. **Trigonometrische Aufgaben.**

6. Von einem Dreieck sind gegeben: $a = 68{,}51$ m; $b = 82{,}11$ m; $\beta = 63{,}15^0$.
Meßfehler: $\delta a = \pm 7$ cm; $\delta b = \pm 9$ cm, $\delta\beta = \pm 0{,}02^0 = 1{,}2'$. Gesucht ist α.

$$\sin\alpha = \frac{a \sin\beta}{b}$$

	4-stell. Lg.			5-stell. Lg.		
Zahl	Lg	Uns. 10^{-4} Tafel	Messung	Lg	Uns. 10^{-5} Tafel	Messung
a	1.8358	1	4,2	1.83575	1	4,9
$\cdot \sin \beta$	+9.9505—10	1	0,6	+9.95046—10	1	0,8
	11.7863—10			11.78626—10		
$:b$	—1.9144	1	5,4	—1.91440	1	4,5
$\sin \alpha$	9.8719—10 18 10 : 6 ≈ 2 $D = 6$	3	+ 10,2 13,2 + 0,5 $\frac{13{,}7 \cdot 0{,}1^0}{6} \approx 0{,}23'$	9.87181—10 — 75 60 : 6 = 10 $D = 6$	3	+ 10,2 13,2 + 0,5 $\frac{13{,}7 \cdot 0{,}01^0}{6} = 0{,}03$

$\alpha = \begin{cases} 48{,}12^0 \\ \pm 0{,}23 \end{cases} \Big| \begin{matrix} \alpha_1 = 48{,}35^0 \\ \alpha_2 = 47{,}89^0 \end{matrix}$ $\qquad$ $\alpha = \begin{cases} 48{,}10^0 \\ \pm 0{,}03 \end{cases} \Big| \begin{matrix} \alpha_1 = 48{,}13^0 \\ \alpha_2 = 48{,}07^0 \end{matrix}$

7. Es soll die Unsicherheit für $\operatorname{tg} \frac{\alpha}{2} = \sqrt{\frac{(s-b)(s-c)}{s(s-a)}}$ bestimmt werden, wenn $a = (33{,}87 \pm 0{,}04)$ m, $b = (23{,}65 \pm 0{,}03)$ m und $c = (21{,}36 \pm 0{,}03)$ m ist.

Zahl	Lg	D	Uns. 10^{-4} Tafel	Messung
$s-b$	1.1984	(29)	1	2,8
$s-c$	1.2572	(24)	1	3,3
	2.4556		+ 2	+ 6,1
s	1.5960	(11)	1	4,5
$s-a$	0.7459	(7)	1	13,0
	2.3419		+ 2	+ 17,5
R	0.1137		4	23,6
$\sqrt{R}$	0.0569 62 70 : 16 = 4 $D = 16$	(16)	2 + 12 14 + 0,5 = 14,5 $14{,}5 \cdot 0{,}1^0 : 16 = 0{,}09^0$	

Es ist $s = \frac{a+b+c}{2} = 39{,}44$;

$s - a = 5{,}57$
$s - b = 15{,}79$
$s - c = 18{,}08$

$\frac{\alpha}{2} = 48{,}74^0 \pm 0{,}09^0$

$\alpha = \begin{cases} 97{,}48^0 \\ \pm 0{,}18^0 \end{cases} \Big| \begin{matrix} \alpha_1 = 97{,}66^0 \\ \alpha_2 = 97{,}30^0 \end{matrix}$

Die Unsicherheit durch die Tafel ist gering und beträgt $0{,}013^0$, dagegen die durch Messung und Rechnung (zahlreiche Additionen und Subtraktionen) erheblicher, nämlich $0{,}075^0$. Abrundungsfehler sind unter Messung nicht berücksichtigt.

Bemerkenswert ist, daß die 7-stellige Tafel $\frac{\alpha}{2} = 48{,}742^0$ ergibt, also praktisch kaum ein genaueres Ergebnis wie die 4-stellige Tafel.

D. Graphisches Rechnen

§ 19. Stellenzahlbestimmung beim Rechnen mit dem Rechenschieber. Nomogramme zur Auflösung der Gleichungen 2. und 3. Grades

1. Das Bild 8 des Rechenschiebers S. 31 der Tafel enthält links auf Teilung D die Marken: ($p - 1$; $q + 1$) für die Stellenzahlbestimmung bei der einfachen Multiplikation und Division. Der praktische Rechner ermittelt die Kommastellung meist durch Abschätzen. Doch ist es wichtig, auch ein zweites Verfahren zu haben.

I. Stellenzahlregel bei der einfachen Multiplikation und Division: Die Stellenzahl des Ergebnisses S_e ist gleich der Stellenzahl des Produktes p oder des Quotienten q. Nur bei Benutzung des linken Zungenstückes zum Ablesen des Ergebnisses ist zu verbessern:

$p - 1$; $q + 1$. (Zum Merken: Multipl. ÷ Minus.)

II. Stellenzahl für Dreisätze:

Die Stellenzahl S_e ist nur bei Umstellungen der Zunge nach I zu verbessern.

Multiplikationen mit oder Divisionen durch Potenzen von 10 werden zunächst außer Acht gelassen.

III. **Kettensätze werden möglichst in Dreisätze ohne Umstellung zerlegt und nach I und II behandelt.**

2a) **Nomogramme (Rechenblätter)** sind Zeichnungen, die auf Grund bestimmter funktionaler Beziehungen (nomos [griech.] = Gesetz, graphein = zeichnen) entworfen sind und fast mühelos die Lösungen von Gleichungen oder Rechenoperationen liefern.

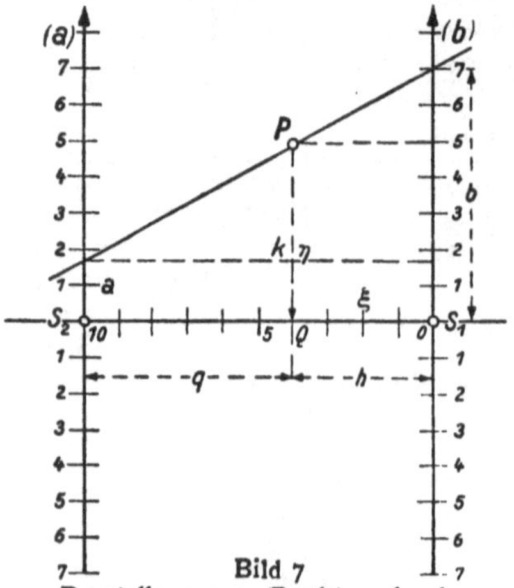

Bild 7
Darstellung von Punkten durch Parallelkoordinaten

b) **Parallelkoordinaten** ermöglichen in einfacher Weise Punkte in der Ebene durch lineare Gleichungen mit zwei Veränderlichen a und b festzulegen, ebenso, wie man durch recht- oder schiefwinklige Koordinaten Geraden durch solche Gleichungen bestimmen kann. Wir zeichnen zwei parallele Geraden (a) und (b), die wir gleichmäßig beziffern (Bild 7). Die Anfangspunkte S_1 und S_2 werden durch Nullkreise und die positive Richtung der Geraden durch Pfeilspitzen oder die Bezifferung bezeichnet.

Wir ziehen nun durch einen beliebigen Punkt P eine Gerade, die von (a) und (b) die Parallelkoordinaten a und b abschneidet. Der Fußpunkt des Lotes $PQ = k$ von P auf den „Steg" S_1S_2 teilt diesen in die Strecken S_1Q und QS_2. Durch die Koordinaten a und b und k ist die Lage des Punktes P eindeutig bestimmt. Es verhält sich

$$\frac{b-k}{p} = \frac{b-a}{p+q}. \text{ Daraus folgt}$$

$$pa + qb = (p+q)k. \text{ Wir erhalten daraus}$$

$$(1) \quad \frac{p}{p+q}a + \frac{q}{p+q}b = k$$

(Normalform der Gleichung des Punktes P in Parallelkoordinaten).

In dieser Gleichung sind a und b als Veränderliche zu betrachten, während die Lage von P durch die konstanten Größen p, q und k bestimmt ist. Für das Beispiel in der Zeichnung lautet die Normalform der Gleichung des Punktes P

$$\frac{4}{10}a + \frac{6}{10}b = 5 \qquad \text{(allgemeine Form: } 4a + 6b - 50 = 0\text{)}.$$

Man erkennt, daß jede beliebige Gleichung 1. Grades

$$ua + vb + w = 0$$

als Gleichung eines Punktes in einem Parallelkoordinatensystem betrachtet werden kann. Denn man kann sie durch Division durch $u + v$ auf die Normalform bringen

$$\frac{u}{u+v}a + \frac{v}{u+v}b = -\frac{w}{u+v}, \text{ wobei}$$

$k = -\dfrac{w}{u+v}$ und $p : q = u : v$ ist.

Übungsbeispiele. Bestimme die Punkte mit den Gleichungen:

$a + b = 0$	$a + 2b = 0$	$2a + b = 0$	$2a + b + 4 = 0$
$\frac{p}{q} = \frac{1}{1}$, $k = 0$	$\frac{p}{q} = \frac{1}{2}$, $k = 0$	$\frac{p}{q} = \frac{2}{1}$, $k = 0$	$\frac{p}{q} = \frac{2}{1}$, $k = -\frac{4}{3}$.

Die Punkte sind durch Strahlenbüschel festgelegt (vgl. Bild 8).

3. **Begründung und Herstellung der Nomogramme der quadr. und kub. Gl.**

a) Wir betrachten zunächst die quadr. Gl.

(2) $x^2 + ax + b = 0$ und schreiben sie in der Form

(2a) $xa + b = -x^2$

Soll diese Gl. z. B. die Lösung $x = 4$ haben, so muß sie diesem Wert genügen. Es muß also

$$(2b) \quad \begin{cases} 4a + b = -16 \text{ oder} \\ \frac{4}{5}a + \frac{1}{5}b = -\frac{16}{5} = -3{,}2 \text{ sein.} \end{cases}$$

Ein Vergleich mit der Normalform (1) liefert für die Lösung $x = 4$, den zugehörigen Punkt, die Werte $p : q = 4 : 1$ und $k = -3{,}2$. Wir bezeichnen diesen mit der Zahl $+ 4$, die eine Lösung der Gl. (2) ist. Nun setzen wir in gleicher Weise für x die Zahlen 0,5; 1; 2; 3 ... in Gl. (2a) ein und bestimmen die zugehörigen Punkte, die man entsprechend der Reihe nach mit diesen Zahlen be-

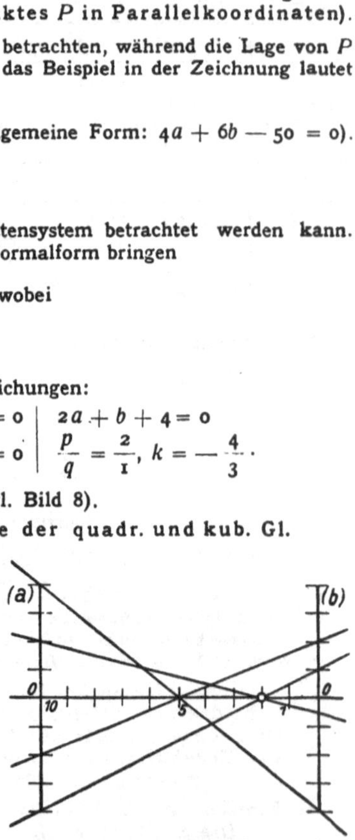

Bild 8. Dargestellte Punkte? Weitere Punkte durch Verschiebung. Gleichungen?

zeichnet. Die erhaltenen Punkte liegen auf einer Kurve (Ast einer Hyperbel), die im Nomogramm mit (II) gekennzeichnet ist. Krummliniger Skalenträger.

Die Verwendung des Nomogramms ist aus der Anweisung S. 32 der Tafeln ersichtlich.

Das Nomogramm der kub. Gl. ergibt sich in entsprechender Weise.

b) Übersichtlicher und allgemeiner können wir die Kurvenpunkte P der Lösungen mit Hilfe von rechtwinkligen Koordinaten bestimmen. P (Bild 7) habe die Koordinaten $p = \xi$ und $k = \eta$ (Anfangspunkt $O = S_2$). Setzen wir die Steglänge $S_1S_2 = p + q = m$, also $p:(p+q) = \xi : m$, so folgt durch Einsetzen in Gl. (1)

$$\frac{\xi}{m}\,a + \frac{m-\xi}{m}\,b = \eta \text{ oder}$$

$$(3) \qquad \frac{\xi}{m-\xi}\,a + b = \frac{m}{m-\xi}\,\eta .$$ Nach (2a) ist aber

$$(2a) \qquad x\,a + b = -x^2 .$$ Die beiden Gleichungen sind

identisch, wenn $\frac{\xi}{m-\xi} = x$ und $\frac{m}{m-\xi}\cdot\eta = -x^2$ ist. Daraus folgt

$$(4) \qquad \boxed{\xi = \frac{mx}{1+x}\,;\quad \eta = -\frac{x^2}{1+x}}$$

Die negative Wurzel erhält man für $x = -x'$ aus (2) $x'^2 - ax' + b = 0$.

Wir erhalten für $S_1S_2 = p + q = 10$ und $x = 0, 1, 2 \ldots 10$

x	0	1	2	3	4	5	6	7	8	9	10
ξ	0	5	6,67	7,50	8,00	8,33	8,56	.	.	.	9,09
η	0	— 0,50	— 1,33	— 2,25	— 3,20	— 4,17	— 5,14	.	.	.	— 9,09

b) Für die Gl. $x^3 + ax + b = 0$ ergibt sich entsprechend

$$(5) \qquad \boxed{\xi = \frac{mx}{1+x}\,;\quad \eta = -\frac{x^3}{1+x}}$$

Die negativen Wurzeln ergeben sich für $x = -x'$ aus $x'^3 + ax' - b = 0$.

E. Allgemeines

§ 20. Regeln für das praktische Zahlenrechnen

In seinem ausgezeichneten Buch „Praktische Analysis" (Leipzig 1914, Verlag Teubner) hat Horst von Sanden auf die eigenartigen Schwierigkeiten des Zahlenrechnens hingewiesen und beachtenswerte Regeln für das praktische Rechnen zur Vermeidung von Fehlern aufgestellt, die wir hier kurz angeben.

I. Erfordernis: Übersichtliche Anordnung. Das bedingt sorgfältige Schreibweise, möglichst unter Verwendung von gekästeltem Papier, und Anlage eines Rechenschemas, in dem jeder Rechenvorgang seinen besonderen Platz hat. In allen Betrieben, in denen umfangreiche Rechnungen durchgeführt werden müssen, verwendet man solche Schemata.

Haben wir z. B. eine Tabelle der Funktion $y = x^3 - 6x^2 + 5x + 10$ aufzustellen, so machen wir uns etwa das folgende Schema:

x	-2	-1	0	$+1$	...	2,6	2,7	...
x^3 $+5x$								
$x^3 + 5x$ $-(6x^2 - 10)$								
y								

Zur Ermittlung von x^2 und x^3 für mehrstellige Zahlen benutzen wir die Tafeln 1 und 2.

Zur Erledigung kleiner Rechnungen verwendet man einen „Laufzettel".

II. Erfordernis: Fortlaufende Prüfung der Rechnung, die jedem Fall angepaßt sein muß und Wiederholung der Rechnung mit anderen Hilfsmitteln.

III. Erfordernis: Dauernde Überwachung der Genauigkeit und Angabe der Unsicherheit des Ergebnisses.

Es muß stets festgestellt werden, inwieweit das Ergebnis durch die Unsicherheit a) der gegebenen Größen, b) des Rechenvorganges beeinflußt wird. Bei solchen Fehlerabschätzungen empfiehlt sich das in § 16 angegebene Verfahren näherungsweiser Ermittlung des größtmöglichen prozentualen Fehlers.

Für Überschläge ist es wie beim Rechenschieberrechnen von Vorteil, die in Betracht kommenden Zahlen als Dezimalbrüche mit einer Stelle vor dem Komma und die Größenordnung durch Multiplikation mit einer Potenz von 10 zu bezeichnen.

Beispiele: $0{,}0853 = 8{,}53 \cdot 10^{-2}$; $48620 = 4{,}862 \cdot 10^4$.

Es braucht nicht hervorgehoben zu werden, daß der praktische Rechner neben der Tafel auch den Rechenschieber (II!) weitgehend benutzt.

§ 21. Zur Geschichte der Tafeln und Tabellen

1. Das Rechnen mit Hilfe von Tafeln und Tabellen war schon im 3. Jahrtausend vor Chr. in Babylon hoch entwickelt. Ältere und neuere Funde haben zahlreiche Multiplikations- und Divisionstafeln, eine Quadratzahltafel von 1^2 bis 50^2 und zwei Tafeln für $\sqrt{n}$ zutage gefördert (vgl. Einführung S. 1).

   Dagegen ist die einfachste Rechentafel, die des Einmaleins, bei den Griechen und Römern kaum zu finden. Erst nach der Verbreitung der indischen Ziffern- und Zahlenschrift im Abendland findet sich im 12. Jahrhundert die älteste Zusammenstellung der Einmaleinsprodukte zu einem Rechenhilfsmittel. Diese ist in dem berühmten deutschen Rechenbuch von Johann Widmann von Eger (1489) angegeben. Umfangreichere Produktentafeln tauchen erst im 17. Jahrhundert auf.

   Zinstafeln waren als kaufmännische Rechenhilfsmittel bereits im späten Mittelalter in Italien in Gebrauch. Umfangreichere Tafeln für den einfachen und zusammengesetzten Zins hat der Holländer Simon Stevin (1548 bis 1620) veröffentlicht.

2. Die Tafeln der trigonometrischen Funktionen haben in den großen Rechentafeln des Altertums ihre Vorgänger. Berühmt ist die vollständig erhaltene Sehnentafel des Astronomen Ptolemäus (um 140 n. Chr. in Alexandria). Das umfangreichste und genaueste Tafelwerk der Trigonometrie (7-stellig) hat Joachim von Lauchen (Rhaeticus) 1514—1576 in Wittenberg geschaffen.

3. Den stärksten Auftrieb jedoch erhielt das Tafelwesen und -rechnen durch die Erfindung der Logarithmen. Doch wurden diese erst durch die dekadischen oder Zehnerlogarithmen des Engländers Henry Briggs (1624) zu einem zweckmäßigen und wertvollen Rechenhilfsmittel gemacht (Näheres siehe § 9—§ 12). Bemerkenswert sind auch seine 10-stelligen trigonometrischen Tafeln mit Dezimalteilung des Grades (Trigonometria Britannica 1633). Leider wurden diese fortschrittlichen Tafeln durch die 10-stelligen Tafeln des Holländers Adrian Vlacq mit alter Winkelteilung ganz zurückgedrängt.

   Hinsichtlich der Stellenzahl ging man bald auf 7-stellige Tafeln, etwa von 1730 ab sehr langsam auf 5-stellige Tafeln und etwa von 1890 ab, auch ganz langsam auf 4-stellige Tafeln zurück. Amtlich für den Schulunterricht jedoch wurden die 7- und 6-stelligen Tafeln erst 1880, die 5-stelligen Tafeln erst 1925 ausgeschaltet.

4. Die erste deutsche Vierstellige Tafel stammt von dem Astronomen Joh. Franz Encke (Logarithmen von vier Dezimalstellen, Berlin 1828). Es hat demnach fast 100 Jahre gedauert, bis sich die 4-stelligen Tafeln in Deutschland durchgesetzt haben.

   Von den späteren Tafeln sind bemerkenswert die von C. Bremiker (Tafel Vierstelliger Logarithmen, Berlin 1874) und die von C. Rohrbach (Vierst. log.-trig. Tafeln, Dresden 1893), beide mit Dezimalteilung des Grades, die auf H. Briggs (s. S. 8) zurückgeht. Die 1895 von A. Schülke herausgegebene Tafel „schmiegte sich sehr eng an die Tafeln von Rohrbach an" (Bemerkung von Friedrich Pietzker in den Unterrichtsblättern) und brachte selbst nichts Neues. Dagegen zeigte die Tafel von W. Greve (Vierst. log.-trig. Tafeln, Hannover 1911) beachtenswerte Fortschritte durch Anfügung zahlreicher Hilfstabellen zur Erleichterung des numerischen Rechnens und durch Beachtung der Frage des Genauigkeitsgrades bei den Logarithmen der trigonometrischen Funktionen.

   In allen diesen Tafeln indes waren die Logarithmentafeln vorherrschend, während die Zahlentafeln, die gemäß dem durch den weitgehenden Gebrauch des Rechenschiebers und der Rechenmaschinen veränderten Rechenstil der Zeit nach 1900 praktisch und unterrichtlich immer wichtiger geworden waren, nur vereinzelt oder gar nicht berücksichtigt wurden.

   Die 1918 erschienenen Spaltentafeln von Ph. Lötzbeyer (Vierst. Tafeln zum logarithmischen und Zahlenrechnen, Leipzig) erfüllten zum ersten Male zwei wichtige Forderungen für die Gestaltung von Vierstelligen Kurztafeln[1]) für Unterricht und allgemeinen Gebrauch:

   I. Gleichberechtigung von Zahlen- und Logarithmentafeln und ihre klare äußere Trennung.

   II. Zweiseitigkeit der Haupttafeln (5 Zahlen- und 4 Logarithmentafeln).

   Erfreulicherweise haben nach der großen deutschen Unterrichtsform 1925 auch eine Reihe von Tafelbearbeitern die vorstehenden Forderungen erfüllt.

---

[1]) Die ausführlichen vierst. Tafeln, die eigentlich jede Interpolation vermeiden wollen, was aber nicht völlig durchführbar ist, haben infolge der niedrigen Differenzen weitgehende Unsicherheiten, die sich beim Rückwärtsaufschlagen, also beim Bestimmen der Argumente, sehr unangenehm auswirken.

Die 1925 erschienenen Zeilentafeln von Ph. Lötzbeyer (Vierst. Tafeln zum logarithmischen und natürlichen Rechnen, Leipzig) brachten eine Erweiterung der Zahlentafeln, sowie wichtige Fortschritte hinsichtlich der Beurteilung der Genauigkeit und Leistungsfähigkeit der Tafeln und hinsichtlich der Feststellung der linearen Interpolation.

Die vorliegenden neuen Tafeln bringen einen gewissen Abschluß in der Entwicklung der Vierstelligen Tafeln. Darüber siehe die Vorbemerkungen. Die in diesen angegebene Schrift des Bearbeiters, die vieles Neue und Überraschende bringt, bietet am Schluß eine Übersicht über die wichtigsten Tafelwerke für besondere Gebiete und eine eingehende Darstellung der Entwicklung des Tafelwesens.

§ 22. Übergang von Altgrad zu Neugrad und umgekehrt

1. Bezeichnungen: Neugrad (^{g}), Neuminuten (^{c}) oder ($`$), Neusekunden (^{cc}) oder ($``$).

$$1^g = 100` = 10000``.$$

Aus der Festsetzung $\boxed{1\,R = 100^g = 90^0}$ folgt, wenn N die Zahl der Neugrad und A die der zugehörigen Altgrad bezeichnet:

(I) $$N^g = \left(A + \frac{1}{9}A\right)^g \qquad \left(\text{Agr. in Neugr.} \longrightarrow\right)$$

(II) $$A^0 = \left(N - \frac{1}{10}N\right)^0 \qquad \left(\longleftarrow\right)$$

Beispiel a) $A = 135^0\ 49'\ 38'' = N^g$ (Altgr. in Neugr.)

$$\begin{aligned} A &= 135{,}8273^0 \\ +\frac{1}{9}A &= \ \ 15{,}0919^0 \\ \hline N^g &= 150{,}9192^g \end{aligned}$$

Man verwandelt zunächst mit Hilfstafel b) fast mühelos A in Dezimalteile des Altgrades, erhält 135,8273 und addiert dazu $\frac{1}{9}A$. Dabei sind zwei einfache Operationen erforderlich, dagegen bei Benutzung der üblichen Verwandlungstafeln je 5—6 Operationen und Vergleiche nebst Kommaverschiebungen (5—6 Zeilen!). Die Zahl der Fehlerquellen ist hierbei wesentlich größer als bei dem angegebenen Verfahren.

Beispiel b) $N^g = 150{,}9192^g = A^0$ (Neugr. in Altgr.).

$$\begin{aligned} N &= 150{,}9192^g \\ -0{,}1\,N &= \ \ 15{,}09192^g \\ \hline A^0 &= 135{,}8273^0 \end{aligned}$$

2. Zur Überprüfung der Verwandlungen und Ablesung der Beziehungen wird noch folgende kurze Verwandlungstafel gegeben, die man nötigenfalls von 1^g zu 1^g erweitern kann.

Verwandlung von Neugrad in Altgrad und umgekehrt.

^{g}	^{0}
10	9,0
20	18,0
30	27,0
40	36,0
50	45,0
60	54,0
70	63,0
80	72,0
90	81,0
100	90,0
$1^0 = 0{,}9^g$	

^{c} od. $`$	$'$	$''$	$'$
10	5	24,0	5,4
20	10	48,0	10,8
30	16	12,0	16,2
40	21	36,0	21,6
50	27	0,0	27,0
60	32	24,0	32,4
70	37	48,0	37,8
80	43	12,0	43,2
90	48	36,0	48,6
100	54	0,0	54,0
$1' = 1{,}82^c$			

^{cc} od. $``$	$''$
10	3,24
20	6,48
30	9,72
40	12,96
50	16,20
60	19,44
70	22,68
80	25,92
90	29,16
100	32,40
$1'' = 3{,}086^{cc}$	

Beispiel:

	$135{,}8273^0$	$=$	x^g
	$-\,90^0$	$=$	100^g
Rest	$45{,}8273^0$		
	$-\,45$	$=$	50^g
Rest	$0{,}8273^0$		
	$-\,0{,}81$	$=$	$0{,}90^g$
Rest	$0{,}0173^0$		
	$0{,}009$	$=$	$0{,}010$
Rest	$0{,}0083^0$		
	$-\,81$	$=$	$0{,}0090$
Rest	$0{,}0002$		
	$0{,}0001_8$	$=$	$0{,}0002$
			$150{,}9192^g$

Bemerkung: $1^g = 0{,}9 \cdot 1^0 = 0{,}9 \cdot 3600'' = 3240''$
$= 10000`` = 3240''$
$1`` = 0{,}324''$

d. h. sind empirisch Werte in Neugrad bis auf die 4. Dezimale gefunden, so ist bei der Umrechnung die Zehntelbogensekunde nicht mehr gesichert.

§ 23. Das griechische Alphabet

α Α	β Β	γ Γ	δ Δ	ε Ε	ζ Ζ	η Η	ϑ Θ	ι Ι	κ Κ
alpha	beta	gamma	delta	epsilon	zeta	ēta	theta	jota	kappa

λ Λ	μ Μ	ν Ν	ξ Ξ	ο Ο	π Π	ρ Ρ	σ Σ	τ Τ	υ Υ	φ Φ
lambda	my	ny	xi	ŏmikron	pi	rho	sigma	tau	ypsilon	phi

χ Χ	ψ Ψ	ω Ω
chi	psi	ōmega

Aussprache wie die Anfangsbuchstaben der Benennung, nur jota (i) und psi (ps)

Platz für Eintragungen und Ergänzungen

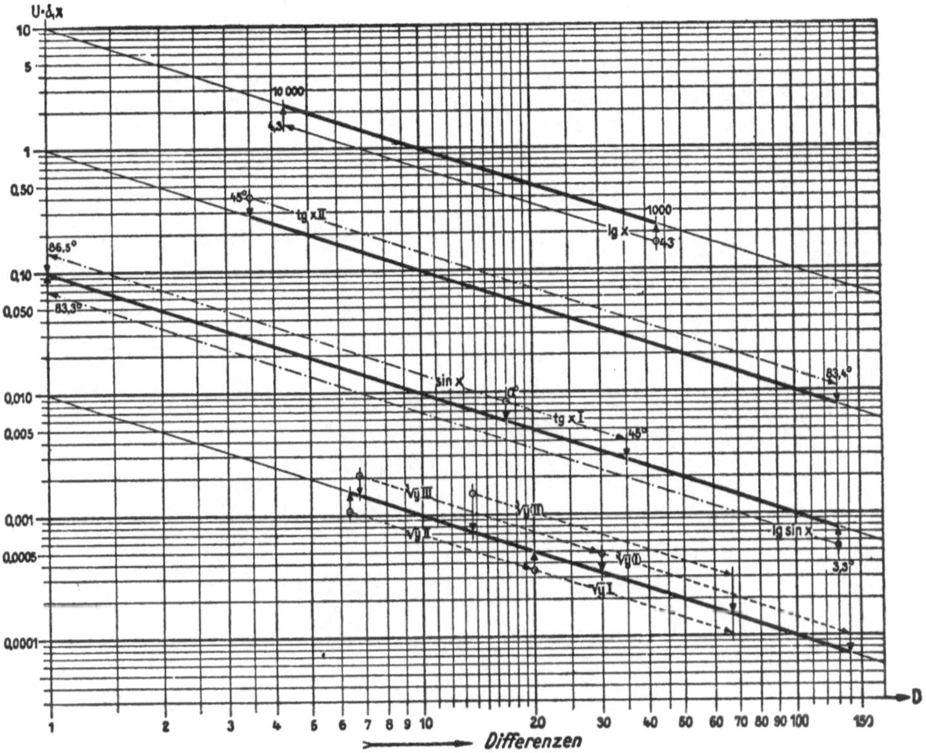

Bild 9. Übersichtstafel der Genauigkeitsmaße für die Eingangszahlen $U = \delta_1 x = \frac{w}{D}$ in Abhängigkeit von den Differenzen für alle Haupttafeln.

Ablesen der Unsicherheit auf der senkrechten Achse links, die logarithmisch geteilt ist. Je größer D, um so kleiner ist die Unsicherheit U, d. h. um so größer ist die Genauigkeit.

Beispiele: 1) Tafel 12: $y = \lg x$. Am Anfang ($x = 1000$) ist $D = 43$ und $U = 0{,}23$; am Ende ($x = 10000$) ist $D = 4{,}3$ und $U = 2{,}3$ abzulesen.

2) Tafel 13: $y = \lg \sin x$. Bei $D = 10$ ist $U = 0{,}01^0$; bei $D = 129$ (bei $3{,}3^0$) ist $U = 0{,}0008$ abzulesen.

MIX
Papier | Fördert gute Waldnutzung
FSC® C083411

Zeitfracht Medien GmbH
Ferdinand-Jühlke-Straße 7
99095 Erfurt, Deutschland
produktsicherheit@kolibri360.de